Vente des 1er, 2, 3 et 4 Avril 1903

HOTEL DROUOT — SALLE N° 7

CATALOGUE

DE LA

BIBLIOTHÈQUE

de Mr E. L.

LIVRES ILLUSTRÉS DU XIXe SIÈCLE

Publications illustrées de la fin du XIXe Siècle

ÉDITIONS DE LUXE

Éditions originales d'Auteurs contemporains

Suites de Figures pour l'Illustration des Livres

LETTRES AUTOGRAPHES D'AUTEURS CONTEMPORAINS

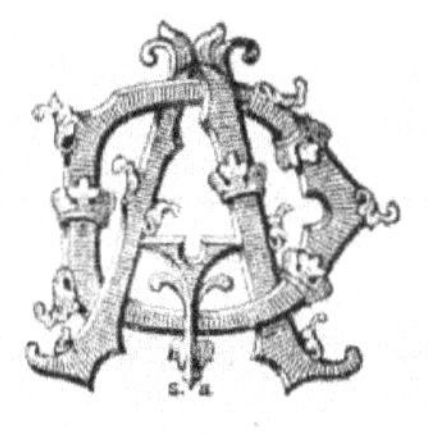

PARIS

A. DUREL, LIBRAIRE

21, RUE DE L'ANCIENNE-COMÉDIE, 21

9 ET 11, PASSAGE DU COMMERCE, (VIe ARR.)

1903.

Arras. — Imp. Schoutheer Frères, rue des Trois-Visages, 53.

CATALOGUE

DE LA

BIBLIOTHÈQUE

DE

Mr E. L.

LA VENTE AURA LIEU

Les Mercredi 1er, Jeudi 2, Vendredi 3 et Samedi 4 Avril 1903

A deux heures très précises de l'après-midi

HOTEL DES COMMISSAIRES-PRISEURS, 9, RUE DROUOT

Salle n° 7, au premier étage

Par le Ministère de Me MAURICE DELESTRE ✻, Commissaire-Priseur

5, Rue Saint-Georges, 5 (IXe)

Assisté de M. A. DUREL, O. I. ✪, Libraire-Expert,

21, rue de l'Ancienne-Comédie, 9 et 11, passage du Commerce (VIe).

☞ *Voir l'ordre des Vacations au verso du titre.*

CONDITIONS DE LA VENTE

La Vente se fera au comptant.

Les acquéreurs payeront **10 p. 100** en sus des adjudications.

Les livres devront être collationnés dans les vingt-quatre heures de l'adjudication. Passé ce délai, ils ne seront repris pour aucune cause.

M. A. DUREL, **chargé de la vente, remplira aux conditions d'usage, les Commissions des personnes qui ne pourraient y assister**

CATALOGUE

DE LA

BIBLIOTHÈQUE

de Mr E. L.

LIVRES ILLUSTRÉS DU XIXe SIÈCLE

Publications illustrées de la fin du XIXe Siècle

ÉDITIONS DE LUXE

Éditions originales d'Auteurs contemporains

Suites de Figures pour l'Illustration des Livres

LETTRES AUTOGRAPHES D'AUTEURS CONTEMPORAINS

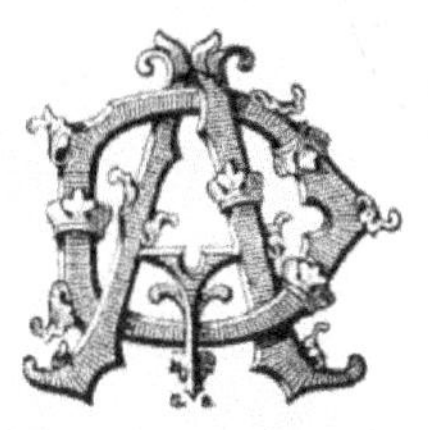

PARIS

A. DUREL, LIBRAIRE

21, RUE DE L'ANCIENNE-COMÉDIE, 21

9 ET 11, PASSAGE DU COMMERCE, (VIe ARR.)

—

1903.

ORDRE DES VACATIONS

PREMIÈRE VACATION. — **Mercredi 1er Avril 1903.**

	Numéros.
Éditions originales d'Auteurs contemporains . . .	432 à 501
Publications illustrées de la fin du XIXe siècle . .	201 à 339

DEUXIÈME VACATION. — **Jeudi 2 Avril.**

Éditions originales d'Auteurs contemporains . . .	502 à 653
Publications illustrées de la fin du XIXe siècle. . .	340 à 431

TROISIÈME VACATION. — **Vendredi 3 Avril.**

Éditions originales d'Auteurs contemporains . . .	726 à 817
Suites de Figures.	818 à 885
Autographes d'Auteurs contemporains	886 à 908
Ouvrages divers	909 à 918
Éditions originales d'Auteurs contemporains . . .	654 à 725

QUATRIÈME VACATION. — **Samedi 4 Avril.**

Publications illustrées de la fin du XIXe siècle . .	93 à 200
Livres illustrés du XIXe siècle	86 à 92
Livres illustrés du XIXe siècle	1 à 81. — 83 à 85. — 82

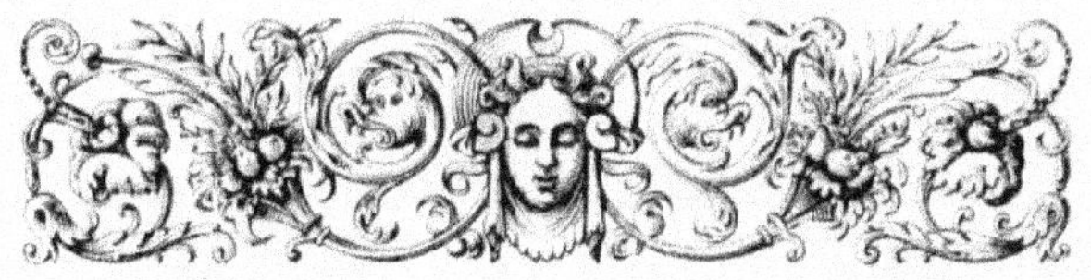

CATALOGUE

DE LA

BIBLIOTHÈQUE

DE

Mr E. L.

I. LIVRES ILLUSTRÉS

du XIXe Siècle

1. **Albanès** (A. d') et Georges **Fath**. Les Nains célèbres, depuis l'antiquité jusques et y compris Tom-Pouce, illustrés par Edouard de Beaumont. *Paris, G. Havard, s. d.* (1845), pet. in-8, br., couv.

Première édition.
Exemplaire provenant de la **Bibliothèque de M. Eugène Paillet**, avec sa signature au crayon sur le faux-titre.
On y joint le Prospectus de Publication.

2. **Anglais peints par eux-mêmes** (Les). Par les Sommités littéraires de l'Angleterre. Dessins de M. Kenny Méadous. Traduction de M. Emile de la Bédollierre. *Paris, L. Curmer*, 1840-41, 2 vol. gr. in-8, nombr. fig. dans le texte et planches hors texte, br., couv.

Premier tirage, avec les couvertures conservées.
On y joint 2 couvertures de livraisons illustrées par Gavarni.

3. **BALZAC** (H. de). **Œuvres complètes**. *Paris, Furne et*

Cie.— Dubochet et Cie.—Hetzel et Paulin. Houssiaux, 1842-1855, 20 vol. in-8, fig., demi-rel. bas. grenat.

Première édition illustrée.

La Table des matières du tome XI est manuscrite, du reste elle manque presque toujours.

4. **BALZAC** (H. de). **Les Contes drolatiques**, colligez ez abbayes de Touraine mis en lumière pour l'esbattement des Pantagruélistes et non aultres. Cinquiesme édition illustrée de 425 dessins par Gustave Doré. *Se trouve à Paris, ez bureaux de la Société générale de librairie*, 1855, in-8, en feuilles, couverture au millésime de 1856.

Premier tirage des illustrations de Gustave Doré.

Exemplaire préparé pour la reliure.

5. **Balzac** (H. de). Les Contes drolatiques, colligez et abbayes de Touraine et mis en lumière pour l'esbattement des Pantagruelistes et non aultres. Cinquiesme édition illustrée de 425 dessins par Gustave Doré. *Se trouve à Paris, ez bureaux de la Société générale de librairie*, 1855, in-8, cart. toile, non rogné.

Premier tirage des illustrations de Gustave Doré.

Exemplaire absolument non rogné, dans le cartonnage de l'éditeur.

6. **Balzac** (H. de). Paris marié. Philosophie de la vie conjugale. Commentée par Gavarni. *Paris, J. Hetzel*, 1846, pet. in-8, br.

Exemplaire de premier tirage, avec la couverture illustrée.

7. **Balzac** (H. de). Petites Misères de la vie conjugale, illustrées par Bertall. *Paris, Chlendowski, s. d.* (1845), gr. in-8, demi-rel. dos et coins de mar. citron, dos plat à nerfs, mosaïqué et ornem. dor., fil. sur les plats, non rog. (*Champs*).

Bel exemplaire, avec la couverture conservée.

8. **Barthélemy** et **Méry**. Napoléon en Egypte, Waterloo et le Fils de l'homme, précédés d'une notice littéraire par M. Tissot. Edition illustrée par Horace Vernet et H[te] Bellangé. *Paris, E. Bourdin, s. d.* (1842), gr. in-8, en livraisons.

Première édition, avec les couvertures des livraisons. On y joint le Prospectus de Publication et la couverture de l'ouvrage, un peu fatiguée Déchirure à l'angle du bas de la page 41.

9. **Béranger** (P.-J. de). Œuvres complètes. Edition unique revue par l'auteur, ornée de 104 vignettes en taille-douce, dessinées par les peintres les plus célèbres. *Paris, Perrotin*, 1834, 4 vol. in-8, demi-rel. bas. grenat, dos orné, tr. marb. (*Rel. de l'époque défraichie*).

Mouillures aux premiers feuillets du tome II, et griffonnage sur les faux-titre et titre du tome III.

10. **Boccace**. Contes de Boccace (Le Décaméron) traduits de l'italien et précédés d'une notice historique, par A. Barbier. Vignettes par MM. Tony-Johannot, H. Baron, Eug. Laville, Célestin Nanteuil, Grandville, Geoffroi, etc. *Paris, Barbier*, 1846, gr. in-8, nomb. fig. dans le texte et planches hors texte, cart. perc., éb. (*Pierson*).

On y joint le Prospectus illustré de Publication. — Taches de rousseur.

11. **Briffault** (Eugène). Paris à Table. Illustré par Bertall. *Paris, J. Hetzel*, 1846, pet. in-8, br.

Exemplaire de premier tirage, avec sa couverture illustrée.

12. **Challamel** (Augustin). Histoire-Musée de la République Française, depuis l'assemblée des notables jusqu'à l'Empire, avec les estampes, costumes, médailles, caricatures, portraits historiés et autographes les plus remarquables du temps. Troisième édition entièrement refondue et considérablement augmentée. *Paris, G. Havard*, 1857-58, 2 vol. gr. in-8, nomb. fig. dans le texte et planches hors texte, cart. perc. gren., non rog., couv. (*Pierson*).

13. **Challamel** (Augustin) et **Wilhelm Thénint**. Les Français sous la Révolution, avec Quarante scènes et types, dessinés par M. H. Baron, gravés sur acier par M. L. Massard. *Paris, Challamel, s. d.* (1843), gr. in-8, br.

Exemplaire de premier tirage avec les figures coloriées, et la couverture conservée.

14. **Champfleury**. Grandeur et Décadence d'une Serinette. Simple histoire d'un Rentier et d'un Lampiste — La Légende de Saint-Crépin le Cordonnier— La Chanson du beurre dans la marmitte. Illustré par Desbrosses. *Paris, E. Blanchard*, 1857, pet. in-8, br.

15. **CHANTS ET CHANSONS POPULAIRES** de la France. *Paris, H. Delloye.— Garnier frères*, 1843, 3 vol. gr. in-8, fig. et musique gravées, demi-rel. dos et coins de mar. bleu, dos sans nerfs avec ornem. dor., fil. sur les plats, non rog., couv. (*Champs*).

Bel exemplaire de la première édition, non rogné, avec les couvertures conservées.

On y joint : Chansons populaires des Provinces de France, notices par Champfleury, accompagnement de piano par J.-B. Wekerlin. Illustrations par MM. Bida, Bracquemond, Courbet, Flameng, Français, etc., etc. *Paris, Librairie Nouvelle, Bourdillat et Cie, éditeurs*, 1860, in-4, br., couv.

Première édition.

16. **Chansons populaires des Provinces de France**, notices par Champfleury, accompagnement de piano par J.-B. Wekerlin. Illustrations par MM. Bida, Bracquemond, Courbet, Flameng, Français, Ed. Morin, etc., etc. *Paris, Librairie Nouvelle, Bourdillat et Cie, éditeurs*, 1860, in-4, demi-rel. mar. rouge, dos orné de fil. à froid, tête dor., non rog.

Première édition.

Exemplaire de M. Bouju avec cet envoi autographe sur le feuillet de garde

« à M. Louis Armet
Témoignage d'amitié
et de reconnaissance. »
Bouju.

On y a ajouté :

1° Lettres autographes de MM. Champfleury et Wekerlin à M. Bouju ;

2° Un frontispice dessin original à l'encre de chine et au crayon, par M. Sand (2 dessins différents) ;

3° Le tirage à part sur chine volant de 33 illustrations du Livre (dont 5 encadrements et 2 culs-de-lampe) ;

4° 2 photographies.

17. **Cuendias** (Manuel de) et V. de **Féréal**. L'Espagne pittoresque, artistique et monumentale. Mœurs, usages et costumes. Illustrations par Celestin Nanteuil. *Paris, Librairie ethnographique*, 1848, gr. in-8, en livraisons.

Ouvrage illustré de 25 planches imprimées à plusieurs teintes, représentant les vues, sites ou monuments les plus remarquables, 25 planches de costumes splendidement coloriées, et plus de 100 vignettes, lettres ornées, scènes de mœurs, culs-de-lampe, etc., répandus dans le texte.

Exemplaire de premier tirage, avec les couvertures des livraisons.

18. **Diable à Paris** (Le). Paris et les Parisiens, mœurs et coutumes, caractères et portraits des habitants de Paris. Texte par G. Sand, L. Gozlan, F. Soulié, Ch. Nodier, H. de Balzac,

Th. Gautier. A. de Musset, etc., etc. Illustrations par Gavarni, vignettes par Bertall. *Paris, publié par J. Hetzel*, 1845-1846, 2 vol. gr. in-8, demi-rel. dos et coins de mar. bleu clair, dos plat à nerfs, ornem. dor., fil. sur les plats, tête dor., non rog., couv. (*Champs*).

Bel exemplaire de la première édition, avec les couvertures, et le Prospectus de la publication, relié à la fin de chaque volume.

19. **Doré** (Gustave). Histoire pittoresque, dramatique et caricaturale de la Sainte Russie, d'après les chroniqueurs et historiens, Nestor, Nikan, Sylvestre, Karamsin, Ségur, etc. Commentée et illustrée de 500 magnifiques gravures par Gustave Doré, gravées sur bois par toute la nouvelle école, sous la direction générale de Sotain. *Paris, J. Bry aîné*, 1854, in-4, cart. dos et coins de perc., non rog., couv. (*Pouillet*).

Premier tirage des dessins de Gustave Doré.

20. **EMPIRE DES LÉGUMES** (L'). Mémoires de Cucurbitus Ier, recueillis et mis en ordre par MM. Eugène Nus et Antony Meray, dessins par Amédée Varin. *Paris, G. de Gonet, s. d.* (1850), gr. in-8, front. et planches hors texte color., br., couv. illust.

Première édition. — Exemplaire à l'état de neuf avec la couverture conservée.

21. **Etrangers à Paris** (Les), par MM. L. Desnoyers, J. Janin, Old-Nick, Stanislas Bellanger, Roger de Beauvoir, A. de Lacroix, L. Huart, etc., etc. Illustrations de MM. Gavarni, Th. Frère, H. Emy, Th. Guérin, Ed. Frère. *Paris, Ch. Waree, s. d.* (1844), gr. in-8, br., couv. illust, (*Cassure au dos de la brochure*).

Première édition avec la couverture au nom de Garnier frères.

22. **Feuillet** (Octave). Vie de Polichinelle et ses nombreuses aventures, avec un portrait du nez du commissaire, son ennemi, et un fac-simile de la queue du Diable. Vignettes par Bertall. *Paris, J. Hetzel*, 1846, pet. in-8, cart. toile, fers spéciaux, tr. dor.

Exemplaire de la première édition, dans le cartonnage de l'Editeur.

23. **Feuillet** (Octave). Vie de Polichinelle et ses nombreuses aventures avec un portrait du nez du commissaire, son ennemi, et un fac-simile de la queue du Diable. Vignettes par Bertall. *Paris, E. Blanchard*, 1852, pet. in-8, br., couv. illust.

24. **Fortoul** (H.). Les Fastes de Versailles depuis son origine jusqu'à nos jours. *Paris, Houdaille et Cie*, 1844, gr. in-8, nomb. fig. dans le texte et planches hors texte, plein chag. violet, dos orné, fil. et ornem. dor. sur les plats (*Rel. de l'époque*).

Légères mouillures.

25. **FRANÇAIS PEINTS PAR EUX-MÊMES** (Les). Texte par les sommités littéraires, dessins par MM. Gavarni, H. Monnier, Meissonier, Daumier, etc. *Paris, L. Curmer*, 1840-1842, 8 vol. — Le Prisme, encyclopédie morale au XIXe siècle. *Paris, L. Curmer*, 1841, 1 vol. — Ensemble 9 vol. gr. in-8, cart. dos et coins de mar. vert, non rog., couv.

SUPERBE EXEMPLAIRE ABSOLUMENT NON ROGNÉ, avec les gravures hors texte en *noir et coloriées*, couvertures conservées.

26. **Français peints par eux-mêmes** (Les). **Le Prisme.** Encyclopédie morale du XIXe siècle. Illustré par MM. Daumier, Gagniet, Gavarni, Grandville, Malapeau, Meissonier, Pauquet, Penguilly, Raymond, Pelez, Trimolet. *Paris, L. Curmer*, 1841, gr. in-8, nomb. grav. sur bois dans le texte, demi-rel. dos et coins de mar. bleu, dos orné, tête dor., rogné (*Rel. de l'époque*).

Taches de rousseur.

27. **Galland**. Les Mille et une Nuits. Contes arabes, traduits par Galland. Edition illustrée par les meilleurs artistes français et étrangers, revue et corrigée sur l'édition princeps de 1704; augmentée d'une dissertation sur les Mille et une Nuits, par M. le baron Silvestre de Sacy. *Paris, E. Bourdin, et Cie, s. d.* (1840), 3 vol. gr. in-8, br., couv. impr. en couleurs. (*Dos de la brochure fatiguée et taches de rousseur*).

Exemplaire de la première édition, avec les couvertures.
On y joint le Prospectus de Publication.

28. **GAVARNI**. Œuvres choisies, revues, corrigées et nouvellement classées par l'auteur. Etudes de mœurs contemporaines. *Paris, J. Hetzel, Warnod et Cie, Garnier frères*, 1846-1848, 4 vol. gr. in-8, en livraisons, couv.

Exemplaire à l'état de neuf, en livraisons avec leurs couvertures et les couvertures des volumes.

On y joint : 1° Trois gravures en double des Lorettes. — 2° Trois Prospectus différents de Publication.

29. **Gœthe**. Werther. Traduction nouvelle, précédée de Considérations sur Werther, et en général sur la poésie de notre époque, par Pierre Leroux, accompagnée d'une préface par George Sand. Dix eaux-fortes par Tony Johannot. *Paris, J. Hetzel*, 1845, gr. in-8, br., couv. (*Taches de rousseur*).

Exemplaire de premier tirage.

On y joint : 1° La suite des 4 figures dessinées par Tony Johannot, gravées à l'eau-forte par Burdet, épreuves en 2 états, sur Chine appliqué avant la lettre et sur blanc avec la lettre. *Paris, impr. Crapelet*, 1845, in-8, en feuilles à toutes marges (mouillure à une gravure).

2° La suite des 10 eaux-fortes de Tony Johannot, pub. par Goupil et Vibert, in-fol. en feuilles à toutes marges, couv. impr. (Epreuves avant la lettre sur papier de Chine, tiré à 90 exemplaires).

30. **Goldsmith**. Le Vicaire de Wakefield, traduction de Charles Nodier. Quatrième édition, illustrée par Jacques. *Paris, E. Blanchard*, 1853, 2 vol. pet. in-8, br., couv. illust.

31. **Grande Ville** (La). Nouveau tableau de Paris, comique, critique, et philosphique, par Ch. Paul de Kock, H. de Balzac, Alex. Dumas, Fréd. Soulié, Briffault, Eug. de Mirecourt, etc., etc. Illustrations de Gavarni, Victor Adam, Daumier, Daubigny, H. Emy, Traviès et Henri Monnier. *Paris, Au Bureau central des Publications nouvelles*, 1842-43, 2 vol. gr. in-8, nomb. fig. dans le texte et planches hors texte, br., couv. illust.

Brochure fatiguée, la couverture du tome II est tachée.

32. **Grandville**. Les Métamorphoses du jour, accompagnées d'un Texte par MM. Albéric Second, Louis Lurine, Clement Caraguel, Taxile Delord, H. de Beaulieu, Louis Huart, Charles Monselet, Julien Lemer, précédées d'une notice sur Grandville par Charles Blanc. *Paris, G. Havard*, 1854, gr. in-8, illustré de 70 planches grav. sur bois et coloriées à l'aquarelle, br., couv. illust. (*Dos de la couverture abimé*).

33. **Grandville**. Un autre Monde. Transformations, visions, incarnations, ascensions, locomotions, explorations, stations, etc. Texte par Taxile Delort. *Paris, H. Fournier*, 1844, in-4, front. en noir, planches color., grav. sur bois, br., couv. illust. (*Dos de la couv. abimé*).

On y joint le Prospectus de Publication.

34. **Homère**. Iliade et Odyssée. Traduction nouvelle, accompagnée de notes, d'explications et de commentaires, par Eugène Bareste, illustrée par MM. A. Titeux, A. de Lemud et Théod. Devilly. *Paris, Lavigne*, 1842-1843, 2 vol. in-8, br., couv. illust.

Exemplaire de premier tirage avec les couvertures, et le Prospectus de Publication.

35. **Houssaye** (Arsène). Le Royaume des Roses. Vignettes par Gérard Séguin. *Paris, E. Blanchard*, 1851, pet. in-8, br. n. c., couv. illust.

Première édition.

36. **Humphreys** (Henry-Noel). A Record of the Black Prince. Being a selection of such passages in his life as have been most quaintly and strikingly narrated by chroniclers of the period, embellished with highly wrought miniatures and borderings selected from various illuminated Mss., referring to events connected with English history. By Henry Noel Humphreys. *London, Longmann, Brown, Green, and Longmans*, 1849, in-8, titre r. et n., encadré d'un fil. rouge, fig. rel. en cuir bouilli avec armoiries et ornem. en relief, tr. dor.

Ouvrage orné d'encadrements et d'aquarelles, imitations des manuscrits.

37. **Janin** (Jules). L'Ane mort. Edition illustrée par Tony Johannot. *Paris, E. Bourdin*, 1842, gr. in-8, nomb. fig. dans le texte et planches hors texte, br., couv.

Exemplaire en parfait état avec sa couverture illustrée.

38. **Janin** (Jules). L'Été à Paris. *Paris, L. Curmer, s. d.* (1843), gr. in-8, fig. dans le texte et planches hors texte, en feuilles, couv. illust.

Première édition avec la couverture au millésime de 1844.
Exemplaire absolument non rogné, préparé pour la reliure.

39. **Janin** (Jules). Voyage en Italie. *Paris, E. Bourdin et Cie*, 1839, gr. in-8, planches hors texte, grav. sur acier, br., couv. illust. (*Taches de rousseur*).

Première édition, avec la couverture conservée.
On y joint la suite des 16 planches pour l'édition de Bourdin, 1842 (une planche plus courte de marges).

40. **Karr** (Alphonse). Les Fées de la Mer. Vignettes par Lorentz. *Paris, E. Blanchard*, 1851, pet. in-8, br. n. c., couv. imp.

Exemplaire de premier tirage.

41. **Karr** (Alphonse). Histoire d'un Pion, suivie de l'Emploi du temps, de deux dialogues sur le courage, et de l'Esprit des lois ou les voleurs volés. Vignettes par Gérard Séguin. *Paris, E. Blanchard*, 1854, pet. in-8, br. n. c., couv. imp.

Première édition.

42. **Karr** (Alphonse). Voyage autour de mon jardin, illustré par MM. Freeman, L. Marvy, Steinheil, Meissonier, Gavarni, Daubigny et Catenacci. *Paris, L. Curmer. — V. Lecou*, 1851, gr. in-8, nomb. fig. dans le texte et planches hors texte, coloriées, cart., fers spéciaux, tr. dor.

Première édition dans le Cartonnage de l'Editeur.

43. **Labédollière** (Emile de). Le Nouveau Paris. Histoire de ses 20 arrondissements. Illustrations de Gustave Doré, cartes topographiques de Desbuissons. *Paris, G. Barba, s. d.* (1860), in-4, à 2 col., nomb. illustrations dans le texte, et cartes color., br., couv. illust.

44. **Labédollière** (Emile de). Histoire des Environs du Nouveau Paris. Illustrations de Gustave Doré, cartes topographiques, dessinées et gravées par Erhard. *Paris, G. Barba, s. d.* (1860), in-4, à 2 col., nomb. illustrations dans le texte, et cartes color., br., couv. illust.

45. **Labédollière** (Emile de). Londres et les Anglais, illustrés par Gavarni. *Paris, G. Barba, s. d.* (1862), in-4, portr. de Gavarni et planches hors texte, br., couv. illust.

46. **Laborde** (Cte Alexandre de). Versailles ancien et moderne. *Paris, imprimerie d'A. Everat et Cie*, 1839, gr. in-8, nomb. illustrations dans le texte, en feuilles, couv. illust.

Première édition.
Exemplaire en feuilles absolument non rogné, avec la couverture au nom de Gavard, 1841.

47. **La Fontaine.** Contes et Nouvelles de La Fontaine. Edition illustrée par MM. Tony Johannot, Cam. Roqueplan, Devéria, C. Boulanger, Fragonard père, Janet-Lange, Français, Laville, Ed. Vattier et Adrien Féart. *Paris, A. Aubrée, s. d.* (1839), gr. in-8, demi-rel. chag. r., dos orné, tête dor., non rog.

Manquent 2 gravures. *Le Berceau* et *Le Cuvier*. — Racc. au titre dans la marge du fond, et Qq. taches de rousseur.

48. **La Fontaine.** Fables. Edition illustrée par J. David, accompagnée d'une notice historique et de notes, par le baron Walckenaer. *Paris, A. Aubrée, s. d.* (1838), 2 vol. in-8 jésus, demi-rel. bas. mar. grenat, dos orné (*Rel. de l'époque*).

Exemplaire de premier tirage. — Taches de rousseur.

49. **La Fontaine**. Fables. Edition illustrée par J. David, accompagnée d'une notice historique et de notes, par le baron Walckenaer. *Paris, A. Aubrée, s. d.* (1838), 2 vol. in-8 jésus, bas. mar. violet, dos orné, compart. de fil. et ornem. dor. sur les plats, tr. grattées (*Rel. de l'époque*).

Exemplaire de premier tirage. — Taches de rousseur.
On y joint : Contes et Nouvelles de La Fontaine. Edition illustrée par MM. Tony Johannot, Cam. Roqueplan, Devéria, C. Boulanger, Fragonard père, Janet-Lange, Français, Laville, Ed. Vatier et Adrien Féart. *Paris, E. Bourdin et Cie, s. d.* (1839), in-8 jésus, même reliure.

50. **Lasalle** (Albert de). L'Hôtel des Haricots. Maison d'arrêt de la Garde Nationale de Paris, 70 dessins par Edmond Morin. *Paris, E. Dentu, s. d.* (1864), pet. in-8 carré, cart. dos et coins de mar. vert, ornem. dor. sur le dos et fil. sur les plats, non rog., couv. (*Carayon*).

Bel exemplaire de premier tirage, absolument non rogné, couverture conservée.

51. **LAS CASES** (Cte de). Mémorial de Sainte-Hélène, suivi de Napoléon dans l'exil, par MM. O'Meara et Antomarchi, et de l'historique de la translation des restes mortels de l'Empereur Napoléon aux Invalides. *Paris, E. Bourdin*, 1842, 2 vol. gr. in-8, illust. de 500 Dessins par Charlet, br.

Bel exemplaire avec les couvertures illustrées.
On y joint : 1° Une couverture illustrée de livraison. — 2° Le Prospectus illustré de Publication. — 3° Le Catalogue-spécimen des Ouvrages illustrés, publiés par E. Bourdin.

52. **Laurent de l'Ardèche** (P.-M.). Histoire de l'Empereur Napoléon, illustrée par Horace Vernet. *Paris, J.-J. Dubochet et Cie*, 1839, gr. in-8, texte encadré de fil., nomb. vign. dans le texte, cart., non rogné (*Mouillure au frontispice*).

Exemplaire de la première édition, absolument non rogné, cartonné avec la couverture au millésime de 1840.

53. **Le Sage**. Le Diable boîteux, illustré par Tony Johannot, précédé d'une notice sur Le Sage, par M. Jules Janin. *Paris, E. Bourdin et Cie*, 1840, gr. in-8, texte encadré de fil., demi-rel. dos et coins de mar. gren., dos orné, fil., tête dor., non rog., couv. (*Champs.*)

Exemplaire de premier tirage avec la couverture conservée.

54. **LE SAGE**. Histoire de Gil Blas de Santillane. Vignettes par Jean Gigoux. *Paris, Paulin*, 1835, gr. in-8, texte encadré de fil., en feuilles.

Première édition avec les vignettes de J. Gigoux, avec la couverture au millésime de 1836.
Exemplaire en feuilles absolument non rogné, préparé pour la reliure.

55. **Le Sage**. Histoire de Gil Blas de Santillane. Vignettes par Jean Gigoux. *Paris Paulin*, 1835, gr. in-8, demi-rel. dos et coins de mar. vert, dos plat avec ornem. dor., fil. sur les plats, non rog., couv. (*Champs*).

Bel exemplaire absolument non rogné, avec la couverture au millésime de 1836.

56. **Lireux** (Auguste). Assemblée nationale comique. Illustré par Cham. *Paris, M. Lévy frères*, 1850, gr. in-8, demi-rel. dos et coins de mar. bleu, dos orné, fil. sur les plats, tête dor., non rog., couv. (*Reymann*).

Bel exemplaire, avec la couverture illustrée.

57. **Lireux** (Auguste). Assemblée nationale comique. Illustré par Cham. *Paris, M. Lévy frères*, 1850, in-4, en livraisons, couv. illust.

Les Livraisons 1 à 34 sont avec leur couverture.
On y joint : La couverture illustrée, et le tirage à part de 20 planches hors texte.

58. **Lorentz** (A.-J.). Polichinel ex-roi des Marionnettes, devenu philosophe, par Lorentz. *Paris, Willermy*, 1848, in-8, br., couv.

Satire contre Louis-Philippe et son gouvernement, contenant un très grand nombre de gravures sur bois, visant à l'originalité et l'atteignant souvent.

59. **Lurine** (Louis). Histoire de Napoléon racontée aux enfants petits et grands, illustrée de 80 dessins de Markl, gravés par Brugnot. *Paris, G. Kugelmann*, 1844, pet. in-8, br., couv. illust.

Manque la gravure « Retour de l'île d'Elbe » La gravure « Napoléon à Arcis-sur-Aube » est en double.
On y joint le Prospectus illustré de Publication.

60. **Lurine** (Louis). Les Rues de Paris. Paris ancien et moderne. Origines, histoire, monuments, costumes, mœurs, chroniques et traditions. Ouvrage rédigé par l'élite de la littérature contemporaine, sous la direction de Louis Lurine ; et illustré de 300 dessins exécutés par les artistes les plus distingués. *Paris, G. Kugelmann*, 1844, 2 vol. gr. in-8, demi-rel. dos et coins de mar. bleu, dos orné, fil. sur les plats, tête dor., non rog., couv. (*Allò*).

Bel exemplaire de la première édition, avec les couvertures conservées, auquel on a ajouté 64 gravures (dont 34 de l'édition) tirées sur Chine avec lettre.

61. **Ménagerie Royale**. The Royal Menagerie, a collection of the best caricatures which have appeared in Paris Since the late Revolution. *London, Ch. Tilt*, 1831, in-16 obl. de 24 planches avec légendes en français et en anglais, br., couv. illust.

62. **MUSAEUS**. Contes populaires de l'Allemagne, traduits par A. Cerfberr de Médelsheim. Edition illustrée de 300 vi-

gnettes allemandes *Paris, G. Havard*, 1846, 2 vol. pet. in-8, br., couv.

Premier tirage.
Bel exemplaire provenant de la BIBLIOTHÈQUE DE M. EUGÈNE PAILLET, avec sa signature autographe, au crayon sur le faux-titre du tome Ier.

63. **Musaeus**. Contes populaires de l'Allemagne, traduits par A. Cerfbeer de Medelsheim. Edition illustrée de 300 vignettes allemandes. *Paris, publié par Gustave Havard*, 1846, 2 vol pet. in-8, demi-rel. dos et coins de mar, violet foncé, dos orné, fil. sur les plats, non rog., couv. (*Champs*).

Bel exemplaire de premier tirage, absolument non rogné, couvertures conservées, et avec le Prospectus de Publication relié à la fin du tome Ier.

64. **MUSÉUM PARISIEN** Histoire physiologique, pittoresque, philosophique et grotesque de toutes les bêtes curieuses de Paris et de la Banlieue, pour faire suite à toutes les éditions des Œuvres de M. de Buffon. Texte par M. Louis Huart. 350 vignettes par MM. Grandville, Gavarni, Daumier, Traviès, Lécurieux et Henri Monnier. *Paris, Beauger et Cie*, 1841, gr. in-8, br., couv. illust.

Exemplaire de premier tirage.

65 **Muséum Parisien**. Histoire physiologique, pittoresque, philosophique et grotesque de toutes les bêtes curieuses de Paris et de la banlieue, pour faire suite à toutes les éditions des Œuvres de M. de Buffon. Texte par M. Louis Huart. 350 vignettes par MM. Grandville, Gavarni, Daumier, Traviès, Lécurieux et Henri Monnier. *Paris, Beauger et Cie* 1841, gr. in-8, nomb. fig. dans le texte, demi-rel. veau vert, dos orné, tr. marb. (*Rel. de l'époque*).

66. **Nodier** (Charles). Contes — Trilby — Le Songe d'or — Baptiste Montauban — La Fée aux miettes — La Combe de l'homme Mort — Inès de Las Sierras — Smarra — La Neuvaine de la Chandeleur — La Légende de la sœur Béatrix. Eaux-fortes par Tony Johannot. *Paris, publié par J. Hetzel*, 1846, gr. in-8, demi-rel. dos et coins de mar. rouge à long grain, ornem. de fil. sur le dos et les plats, non rog., couv. (*Champs*).

Bel exemplaire de la première édition, absolument non rogné, avec la couverture conservée

67. **Nodier** (Charles). Contes -- Trilby — Le Songe d'or. — Baptiste Montauban — La Fée aux Miettes — La Combe de l'homme mort — Inès de Las Sierras — Smarra — La Neuvaine de la Chandeleur. — La Légende de la sœur Béatrix. Eaux-fortes par Tony Johannot. *Paris, publié par J. Hetzel*, 1846, gr. in-8, br., couv. illust.

Première édition illustrée de 8 eaux-fortes de Tony Johannot tirées sur Chine, avec le nom de l'artiste à la pointe.
Cassure au dos de la brochure.

68. **Nodier** (Charles). Histoire du roi de Bohême et de ses sept châteaux. *Paris, Delangle frères*, 1830, in-8, vignettes dans le texte, grav. sur bois par Porret, d'après Tony Johannot, en feuilles, couverture.

Exemplaire préparé pour la reliure.

69. **Old Nick**. La Chine ouverte. Aventures d'un Fan-Kouei dans le pays de Tsin, ouvrage illustré par Auguste Borget. *Paris, H. Fournier*, 1845, gr. in-8, nomb. fig. dans le texte et planches hors texte, en livraisons.

Exemplaire à l'état de neuf, en livraisons avec leurs couvertures.
On y joint le Prospectus de Publication et la couverture du livre, mais en mauvais état.

70. **Paris** (Les Environs de). Paysage, histoire, monuments, mœurs, chroniques et traditions ; ouvrage rédigé par l'élite de la littérature contemporaine, sous la direction de MM. Ch. Nodier et Louis Lurine ; et illustré de 200 dessins par les artistes les plus distingués. *Paris, P. Boizard et G. Kugelmann, s. d.* (1844), gr. in-8, demi-rel, veau violet, dos orné, tr. marb. (*Rel. de l'époque*).

Première édition. — Qq. taches de rousseur.

71. **Pellico** (Silvio). Mes Prisons, suivi des devoirs des hommes ; traduction nouvelle, par le comte H. de Messey, revue par le vicomte Alban de Villeneuve, avec une notice biographique et littéraire sur Silvio Pellico et ses ouvrages, par M. V. Philipon de la Madelaine. Edition illustrée d'après les dessins de MM. Gérard Séguin, D'Aubigny, Steinheil, etc., etc. *Paris, H. Delloy : Garnier frères*, 1844, gr. in-8, demi-rel. chag. noir, dos orné (*Rel. de l'époque*).

Edition recherchée. — Légère tache d'encre à la page 177 et mouillure à la page 197.

72. **Perrault.** Contes de Perrault, illustrés par Grandville, Gérard-Séguin, Gigoux, Lorentz, Gavarni et Bertall. *Paris, E. Blanchard*, 1851, pet. in-8, br., couv. imp.

Premier tirage.

73. **PITRE-CHEVALIER. La Bretagne** ancienne et moderne, illustrée par MM. A. Leleux, O. Penguilly, T. Johannot. *Paris, W. Coquebert, s. d.* (1844), 1 vol. — **Bretagne et Vendée.** Histoire de la Révolution française dans l'Ouest (complément de la Bretagne ancienne et moderne), par Pitre-Chevalier, illustrée par A. Leleux, O. Penguilly, T. Johannot. *Paris, W. Coquebert, s. d.* (1845). — Ensemble 2 vol. gr. in-8, en livraisons.

Exemplaires de premier tirage en livraisons, avec leurs couvertures.

On y joint : 1° La couverture générale de chacun des ouvrages (déchirures). — 2° Le placement des gravures, tiré à part, pour chacun des ouvrages. — 3° Le Prospectus de Publication pour « La Bretagne ancienne et moderne ».

74. **PROSPECTUS** et Couvertures d'Ouvrages illustrés du XIXe siècle, 23 pièces de divers formats.

La Peau de Chagrin. — Fables de Florian. — Les Fastes de Versailles — Histoire de la Garde Impériale — Le Jardin des Plantes — Scénes de la vie privée et publique des Animaux — Le Diable à Paris, etc., etc.

75. **Rabelais** (Fr.). Œuvres contenant la vie de Gargantua et celle de Pantagruel, précédées d'une notice historique sur la vie et les ouvrages de Rabelais, par P.-L. Jacob, bibliophile. Illustrations par Gustave Doré. *Paris, J. Bry aîné,* 1854, in-4, à 2 col., cart. bas. mar. bleu à long grain, non rog. (*Rel. molle*).

Bel exemplaire de premier tirage absolument non rogné, couverture conservée. De la Bibliothèque de Paul Arnauldet.

76. **Revue comique** (La) à l'usage des gens sérieux. Histoire morale, philosophique, politique, critique, littéraire et artistique de la semaine. Texte par A. Lireux, C. Caraguel, P. Vertot, E. de La Bédollière, Gérard de Nerval, etc., etc. Dessins par Bertall, Nadar, Otto-Lorentz, Fabritzius, Beguin, Quillenbois, etc. Novembre 1848 — Décembre 1849. *Paris, Dumineray*, 1848-1849, 2 vol. in-4, en livraisons, couvertures.

77. **REYBAUD** (Louis). Jérôme Paturot à la recherche d'une position sociale. Edition illustrée par J.-J. Grandville. *Paris, J.-J. Dubochet, Le Chevalier et Cie*, 1846. — Jérôme Paturot à la recherche de la meilleure des Républiques, par Louis Reybaud. Edition illustrée par Tony Johannot. *Paris, M. Lévy frères*, 1849. — Ensemble 2 vol. gr. in-8, demi-rel. dos et coins de mar. rouge, dos orné, fil. sur les plats, tête dor., non rog., couv. (*Champs*).

Bel exemplaire, avec les couvertures conservées.
Le premier volume, est de premier tirage.
On y joint le Prospectus de publication pour *Jérôme Paturot à la recherche d'une position sociale.*

78. **Robert-Macaire** (Les Cent et un), composés et dessinés par M. H. Daumier, sur les idées et les légendes de M. Ch. Philipon, réduits et lithographiés par MM***. Texte par MM. Maurice Alhoy et Louis Huart. *Paris, Aubert et Cie*, 1839, 2 vol. in-4, demi-rel. mar. rouge jans., tête dor., tr. grattées.

On y joint : les Livraisons 56-57-59 et 60.

79. **Rousseau** (J.-J.). Les Confessions. Vignettes par MM. T. Johannot, H. Baron, K. Girardet, E. Laville, C. Nanteuil, etc. *Paris, Barbier*, 1846, gr. in-8, nomb. fig. dans le texte, et planches hors texte, couv. illust.

Premier tirage. — Taches de rousseur.
On y joint : 2 Prospectus différents de Publication.

80. **Rousseau** (J.-J.). Julie ou la Nouvelle Héloïse. Vignettes par MM. Tony Johannot, E. Wattier, E. Lepoitevin, H. Baron, Karl Girardet, C. Roger, etc., gravées par M. Brugnot. *Paris, Barbier*, 1845, 2 vol. gr. in-8, nomb. fig. dans le texte, et planches hors texte tirées sur papier de Chine, br., couv. illust.

Premier tirage. — Taches de rousseur.
On y joint le Prospectus illustré de Publication.

81. **Saint-Hilaire** (Emile Marco de). Histoire populaire, anecdotique et pittoresque de Napoléon et de la Grande Armée,

illustrée par Jules David. *Paris, G. Kugelmann*, 1843, gr. in-8, en livraisons, couv. (*Déchirures à la couverture*).

Première édition, avec les couvertures des livraisons et la couverture du livre.
On y joint le Prospectus illustré de Publication.

82. **SAINT-PIERRE** (Bernardin de), **Paul et Virginie** (suivi de la Chaumière indienne). *Paris, L. Curmer, 25, rue Sainte Anne*, 1838, gr. in-8, portr. et fig., br.

Précieux exemplaire avec la couverture sur papier bleu, illustrée d'un encadrement entourant un motif quadrillé.
L'exemplaire est placé dans une **boîte spéciale** en forme de livre, en carton gaufré rose et vert portant sur les plats et le dos le titre de l'ouvrage.
Il contient à part dans leurs **couvertures de livraisons** toutes les **grandes figures sur bois** et les **gravures sur acier** avec les papiers de soie portant les légendes des planches. Le portrait du docteur y est deux fois (par *Meissonnier* et par *Parsons*).
On y joint le feuillet 418 *avec la bonne femme* et 7 couvertures de livraisons dont une contient l'annonce de la *Boîte élégante en forme de volume*, publié pour les Étrennes de 1837.

83. **Saint-Pierre** (Bernardin de). Son portrait, publié par L. Curmer, épreuve à toutes marges **avant la sphère** et **avant les noms des artistes** (*Rarissime*).

84. **Saint-Pierre** (Bernardin de). Paul et Virginie, publié par L. Curmer. Portrait de Mme de La Tour, gravé par Cochran, d'après Jos. J. Jenkins, **épreuve avant la lettre** tirée sur papier de **Chine**.

On y joint : Le portrait de la *Bonne femme*, publié par L. Conquet. L'un des 18 exemplaires sur papier de Chine volant, épreuve en 2 états, bon tirage et bois abimé.

85. **Saint-Pierre** (B. de). Paul et Virginie. Illustré de 100 vignettes par Bertall, précédé d'un Essai philosophique et littéraire par d'Albanès. *Paris, G. Havard*, 1845, pet. in-8, br.

Exemplaire de premier tirage, avec sa couverture.

86. **SCÈNES DE LA VIE PRIVÉE** et publique des animaux. Vignettes par Grandville. — Études de mœurs contemporaines, publiées sous la direction de P.-J. Stahl, avec la collaboration de MM. de Balzac, La Bédollière, J. Janin, Ch. Nodier, G. Sand, etc. *Paris, J. Hetzel et Paulin*, 1842, 2 vol. gr. in-8, demi-

rel. dos et coins de mar. rouge, dos sans nerfs avec ornem. dor., fil. sur les plats, non rog., couv. (*Champs*).

Bel exemplaire de premier tirage, absolument non rogné, avec les couvertures conservées.

87. **Schmit** (J.-P.). Les Deux Miroirs. Contes pour tous. Illustrations : MM. Gavarni, C. Nanteuil, Français, Schlesinger, J.-P. Schmit, de Beaumont, Bertrand (de Chalon). *Paris, A. Royer*, 1844, gr. in-8, br., couv.

Première édition, avec la couverture. On y joint le Prospectus de Publication.

Tâches de rousseur et déchirures à la couverture.

88. **Süe** (Eugène). Le Juif Errant. Édition illustrée par Gavarni. *Paris, Paulin*, 1845, 4 vol. gr. in-8, fig., br., couv. illust.

Première édition, avec les couvertures.

On y joint le Prospectus de Publication.

89. **Süe** (Eugène). Les Mystères de Paris. Nouvelle édition, revue par l'auteur. *Paris, Ch. Gosselin*, 1843-1844, 4 vol. gr. in-8, nombr. fig. dans le texte et planches hors texte, en feuilles, couvertures illust. (*Qq. tâches de rousseur*).

Première édition illustrée.

Exemplaire absolument non rogné, avec les couvertures conservées.

On y joint : 1° Le portrait d'Eugène Sue, par Julien, publié par la Galerie du Journal le Voleur. — 2° Deux portraits différents de Fleur de Marie. — 3° Le Prospectus de Publication.

90. **TOPFFER** (R.). **Voyages en Zigzag**, ou Excursions d'un Pensionnat en vacances, dans les cantons suisses et sur le revers italien des Alpes, illustrés d'après les dessins de l'auteur et ornés de 15 grands dessins, par M. Calame. *Paris, J.-J. Dubochet et Cie*, 1844, gr. in-8, demi-rel. dos et coins de mar. vert à long grain, dos plat à nerfs avec ornem. dor., fil. sur les plats, non rog., couv. (*Canape*).

Bel exemplaire de premier tirage, absolument non rogné, avec la couverture conservée.

91. **TOPFFER** (R.). **Nouveaux voyages en Zigzag**, à la Grande Chartreuse, autour du Mont-Blanc, dans les vallées d'Herenz, de Zermatt, au Grimsel, à Gênes et à la Corniche, précédés d'une notice par Sainte-Beuve ; illustrés d'après

les dessins originaux de Töpffer, par MM. Calame, Kart Girardet, Français, Daubigny, de Bar, Gagnet, Forest. *Paris, V. Lecou*, 1854, gr. in-8, demi-rel. dos et coins de mar. grenat, dos plat à nerfs avec ornem. dor., fil. sur les plats, non rog., couv. (*Canape*).

Bel exemplaire de premier tirage, absolument non rogné, avec la couverture conservée, et l'Extrait du Catalogue de Victor Lecou, relié à la fin du volume.

92. **Voyage ou il vous plaira**. Par Tony Johannot, Alfred de Musset et P.-J. Stahl. *Paris, publié par J. Hetzel*, 1843, in-4, fig. dans le texte et planches hors texte, br., couvert. illust.

Première édition.

On y joint : 1° Le Prospectus illustré de Publication. — 2° La couverture illustrée de la 1re livraison. — 3° Le Frontispice et l'Avant-propos du livre.

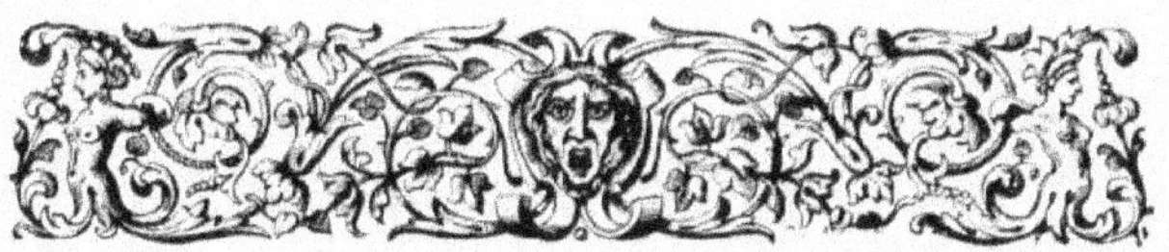

II. PUBLICATIONS ILLUSTRÉES

de la fin du XIXe Siècle

ÉDITIONS DE LUXE

---

93. **About** (Edmond). Le Nez d'un Notaire. Édition illustrée de 1 frontispice et 12 vignettes dessinées et gravées par Géry Bichard. *Paris, Calmann Lévy (pour L. Conquet)*, 1886, pet. in-8, br., couv.

L'un des **225** exemplaires tirés sur PAPIER VÉLIN à la cuve du Marais (n° 155), avec les figures tirées dans le texte.

94. **About** (Edmond). Le Roi des Montagnes. Cinquième édition illustrée par Gustave Doré. *Paris, Hachette et Cie*, 1861, in-8, br. n. c., couv.

Première édition illustrée.

95. **About** (Edmond). Tolla. Avec les illustrations de Félicien de Myrbach, les ornements typographiques composés par Adolphe Giraldon, et un portrait d'après Paul Baudry. *Paris, Hachette et Cie*, 1889, in-4, br., couv.

Exemplaire numéroté sur PAPIER VÉLIN, avec deux suites des planches hors texte. On y joint le Prospectus de Publication.
Emboîtage en velours de Gênes.

96. **ABOUT** (Edmond). Trente et Quarante, avec les illustrations de H. Vogel et les ornements de A. Giraldon, gravés à l'eau-forte typographique et au burin par Verdoux, Ducourtioux et Huillard. *Paris, Hachette et Cie*, 1891, in-4, en feuilles, dans un carton.

L'un des **54** exemplaires numérotés sur PAPIER DE CHINE, avec double état des planches et auquel on a ajouté une troisième suite des planches tirées sur JAPON mince.
On y joint la couverture et le Prospectus de Publication.

97. **Adam** (Mme) (Juliette Lamber). La Chanson des Nouveaux Époux. Édition ornée d'un portrait et de dix eaux-fortes. *Paris, L. Conquet*, 1882, in-4, br., couv., dans un cartonn. artistique.

L'un des **300** exemplaires numérotés sur papier de Hollande.

98. **Adam** (Mme) (Juliette Lamber). Récits d'une Paysanne, illustrations de G. Fraipont. *Paris, J. Lemonnyer*, 1885, gr. in-8, br., couv.

L'un des **100** exemplaires tirés sur PAPIER DU JAPON (n° 78) avec un tirage à part, en bistre, de toutes les vignettes.
On y joint le prospectus de publication.

99. **Aicard** (Jean). La Chanson de l'Enfant. Nouvelle édition ornée de 128 compositions par T. Lobrichon avec la collaboration de E. Rudaux, gravées sur bois par L. Rousseau. *Paris, G. Chamerot*, 1884, gr. in-8, br., couv.

L'un des **150** exemplaires tirés sur papier teinté des manufactures impériales du JAPON (n° 110) contenant le portrait de l'auteur en deux états *avec* et *avant* la lettre, et le tirage à part hors texte des 128 compositions.

100. **Alexandre** (Arsène). L'Art du Rire et de la Caricature. 300 fac-similés en noir et 12 planches en couleurs d'après les originaux. *Paris, Librairies-Imprimeries réunies : May et Motteroz, s. d.*, in-4, br., couv. illust. par A. Willette.

101. **Apulée**. L'Ane d'Or, ou la Métamorphose. Traduction de Savalète, préface de J. Andrieux, avec nombreuses gravures, dessinées par A. Racinet. P. Bénard. *Paris, Firmin Didot*, 1872, in-8, pap. vél., titre r. et n., br., couv. illust.

102. **Aquarellistes Français** (Le Salon des) Texte de Eugène Montrosier (1re et 2e année). *Paris, H. Launette et Cie*, 1887-1888, 2 tomes en 40 fasc. gr. in-8, dans les cartonn. illust. de l'éditeur.

103. **Balzac** (H. de). Le Colonel Chabert. Avec 1 portrait et 6 compositions de Delort, gravées par Boisson. *Paris, Calmann Lévy (pour L. Conquet)*, 1886, pet. in-8, br., couv.

L'un des **225** exemplaires tirés sur PAPIER VÉLIN du Marais (n° 148), avec les figures tirées dans le texte.

104. **Balzac** (H. de). La Femme de trente Ans. Couverture illustrée et 35 compositions par A. Robaudi, gravées au burin et à l'eau-forte par Henri Manesse. *Paris, Librairie L. Conquet. — L. Carteret et Cie, Succ*[rs], 1902, gr. in-8, br., couv. illust.

Tiré à **300** exemplaires numérotés (n° 115).
L'un des **50** sur JAPON, avec un état des planches.

105. **Balzac** (H. de). La Maison du Chat-qui-pelote. Préface de Francisque Sarcey. Quarante compositions de Louis Dunki, gravées sur bois par Maurice Band. *Paris, Librairie L. Conquet. — L. Carteret et Cie, Succ*[rs], 1899, in-8, br., couv. illust.

Tirage unique à **200** exemplaires sur PAPIER VÉLIN du Marais à la forme (n° 32).

106. **Balzac** (H. de). Le Péché Véniel. Compositions de Paul Avril, gravées à l'eau-forte par Édouard Léon et Raoul Serres. *Paris, Ch. Bosse*, 1901, in-8 raisin, br., couv. illust.

Tiré à 400 exemplaires numérotés (n° 250).
L'un des **200** sur papier vélin d'Arches, avec les eaux-fortes en un état.
On y joint le Prospectus de Publication.

107. **Banville** (Théodore de). Gringoire, comédie en un acte, en prose. Un portrait et quatorze compositions de J. Wagrez, gravés à l'eau-forte par L. Boisson. *Paris, Librairie L. Conquet.— L. Carteret et Cie, Succ*[rs], 1899, gr. in-8, br., couv.

L'un des **35** exemplaires tirés sur PAPIER VÉLIN du Marais, avec DEUX ÉTATS des planches (épreuves d'état intermédiaire et épreuves terminées dans le texte).

108. **Bentzon** (Th.) Jacqueline, illustré par Albert Lynch. *Paris, Boussod. Valadon et Cie*, 1893, in-4, illustré de 27 planches en photogravure, dont 21 hors texte, br., couv.

Exemplaire tiré sur papier vélin. Planches imprimées en noir. On y joint le Prospectus de Publication.

109. **Béquet** (Étienne). Marie ou le Mouchoir bleu. Notice littéraire par Adolphe Racot. Six compositions par de Sta, gravées par Abot. *Paris, L. Conquet*, 1884, in-16, pap. vergé, br., couv.

110. **Beraldi** (Henri). Estampes et Livres (1872-1892). 13 planches dont 12 en chromotypie de Danel et 29 en héliogravure Dujardin. *Paris, L. Conquet*, 1892, in-8 carré, br., couv.

Tirage unique à 390 exemplaires numérotés sur papier vélin à la forme du Marais, dont 300 seulement ont été mis en vente (n° 252).

111. **BERALDI** (Henri). La Reliure du XIXe siècle. *Paris, L. Conquet*, 1895-97, 4 vol. gr. in-8, fig., br., couv.

Tirage unique à 295 exemplaires numérotés sur papier vélin du Marais (n° 88) contenant de nombreuses planches en héliogravure, reproductions de reliures.

112. **Bergerat** (Emile). L'Espagnole. Illustrations de Daniel Vierge, gravées sur bois par Clément Bellenger. *Paris, L. Conquet*, 1891, in-16, br., couv. impr. en couleurs.

Tiré à 500 exemplaires numérotés (N° 377).
L'un des 350 sur papier vélin du Marais, avec le prospectus de souscription.

113. **Bergeret** (Gaston). Les Evénements de Pontax. Ecriture manuscrite et aquarelles originales d'après Henriot. *Paris, Librairie Conquet-Carteret et Cie, Succ*[rs], 1899, gr. in-8, br., couv. impr. en couleurs.

Tiré à 200 exemplaires numérotés (n° 56).
L'un des **175** tirés sur papier vélin fabriqué spécialement par les Papeteries du Marais.

114. **Bergeret** (Gaston). Journal d'un Nègre à l'Exposition de 1900. Soixante-dix-neuf aquarelles originales de Henry Somm. *Paris, Librairie L. Conquet, L. Carteret et Cie, Succ*[rs], 1901, in-12, br., couv. illust.

L'un des 300 exemplaires tirés sur papier vélin blanc non mis dans le commerce.

115. **Bertheroy** (Jean). Femmes Antiques — La Légende — L'Histoire — La Bible. Ouvrage couronné par l'Académie Française. Illustrations de Bouguereau, E. Adan, Falguière, G. Rochegrosse, H. Le Roux, Maurice Leloir, G. Clairin, J.-P. Laurens, Ed. Toudouze, F. Lematte, gravées par E. Champollion. *Paris, L. Conquet*, 1892, in-8, br., couv.

Tiré à **250** exemplaires numérotés (n° 80).
L'un des 200 sur papier vélin teinté du Marais.

116. **BIBLIOTHÈQUE ARTISTIQUE MODERNE**, publiée par Jouaust, 17 vol. in-8 écu, tirés in-8, br., couv.

Collection complète.

Contes de Alphonse Daudet, avec 7 eaux-fortes par E. Burnand. — Le Roi des Montagnes, par E. About, avec dessins de Ch. Delort. — Théo. Gautier. Le Capitaine Fracasse, avec dessins de Ch. Delort, 3 vol. — E. Zola. Une page d'Amour, avec dessins d'Edouard Dantan. 2 vol. — Ad. Vigny. Servitude et grandeur Militaires, avec dessins de Julien Le Blant. — Lamartine. Jocelyn, avec dessins de Besnard. – Lamartine. Graziella, avec dessins de Bramtot. — Le Chevalier Des Touches, par J. Barbey d'Aurevilly, avec dessins de Julien Le Blant — Nouvelles de Mérimée, avec des dessins de Aranda, de Beaumont, Le Blant, etc., etc. — Gérard de Nerval. Les Filles du Feu, avec dessins d'Emile Adam. — Théâtre de Alfred de Musset, avec dessins de Charles Delort, 4 vol.

Exemplaires tirés sur **papier de Chine**, avec **double épreuve** des gravures, *avant* et *avec* la lettre.

117. **BIBLIOTHÈQUE ARTISTIQUE** (Petite), publiée par Jouaust, illustrée d'eaux-fortes par Lalauze, Flameng, Hédouin, Los Rios, Rajon, Laguillermie, etc., in-16, br., couv. (*Sera divisé*).

Exemplaires tirés sur PAPIER DE CHINE, de 20 à 30 exemplaires, avec une suite des gravures, **épreuves avant la lettre.**

1° **Beaumarchais**. Le Barbier de Séville, comédie en quatre actes, avec une Notice par Auguste Vitu.—Le Mariage de Figaro, comédie en cinq actes. Dessins de S. Arcos, gravés à l'eau-forte par Monziès, 2 vol.

2° **Les Caquets de l'Accouchée**, publiés par D. Jouaust, avec une Préface de Louis Ulbach. Eaux-fortes par Ad. Lalauze, 1 vol.

3° **J. Cazotte**. Le Diable amoureux, avec la Préface de Gérard de Nerval. Sept eaux-fortes par Ad. Lalauze. 1 vol.

4° **Vie et Aventures de Robinson Crusoé**, par Daniel De Foë, traduction de Pétrus Borel, avec Huit eaux-fortes par Mouilleron, portrait gravé par Flameng. 4 vol.

5° **Galland**. Les Mille et une Nuits. Contes Arabes, réimprimés sur l'édition originale, avec une Préface de Jules Janin. Vingt et une eaux-fortes par Ad. Lalauze. 10 vol.

6° **Les Quinze-Joyes de mariage**, avec des notes et un glossaire par D. Jouaust, et une Préface de Louis Ulbach. Eaux-fortes par Ad. Lalauze. 1 vol.

7° **Le Sage**. Le Diable boîteux, avec une Préface par H. Reynald. Gravures à l'eau-forte par Ad. Lalauze. 2 vol.

8° **Le Sage**. Histoire de Gil Blas de Santillane, précédée d'une Préface par H. Reynald. Treize eaux-fortes par R. de Los Rios. 4 vol.

9° **G. Nadaud**. Chansons, avec Douze eaux-fortes par Edmond Morin. 3 vol.

10° **B. de Saint-Pierre**. Paul et Virginie, précédé d'une Etude sur les origines de Paul et Virginie, par S. Cambray. Eaux-fortes de Laguillermie. 1 vol.

11° **Scarron**. Le Roman Comique, publié par les soins de D. Jouaust, avec une Préface par Paul Bourget. Eaux-fortes par Léopold Flameng. 3 vol.

12° **L. Sterne**. Voyage sentimental en France et en Italie, traduction nouvelle, par Alfred Hédouin. Six eaux-fortes par Edmond Hédouin. 1 vol.

13° **Les Facétieuses Nuits** du seigneur J.-F. Straparole, traduites par J. Louveau et P. de Larivey, publiées avec une Préface et des Notes, par G. Brunet. Quatorze dessins de J. Garnier, gravés à l'eau-forte par Champollion. 4 vol.

14° **Les Quatre Voyages** du capitaine Lemuel Gulliver, traduction de l'Abbé Desfontaines, revue, complétée, et précédée d'une notice, par H. Reynald. Gravures à l'eau-forte par Lalauze. 4 vol.

15° **Voltaire**. Romans. — Zadig, suivi de Micromégas, préface par Arsène Houssaye. — Candide, ou l'Optimisme. — L'Ingénu, histoire véritable. — La Princesse de Babylone. — Lettres d'Amabed, suivies du Taureau blanc. Eaux-fortes de Laguillermie. 5 vol.

118. **BIBLIOTHÈQUE ARTISTIQUE** (Petite) publiée par Jouaust, illustrée d'eaux-fortes par Lalauze, Flameng, Hédouin, Los Rios, Rajon, Laguillermie, etc., in-16, br., couv. (*Sera divisé*).

Exemplaires tirés sur PAPIER DE CHINE de 20 à 30 exemplaires, avec DEUX SUITES des gravures dont une avant la lettre.

1° **L'Histoire de Don Quichotte** de la Manche, par Michel Cervantès, première traduction française par C. Oudin et F. de Rosset, avec une préface par E. Gebhart. Dessins de J. Worms, gravés à l'eau-forte par de Los Rios. 6 vol.

2° **Gœthe**. Les Souffrances du jeune Werther, traduction nouvelle par Mme Bachellery, avec une Préface par Paul Stapfer. Eaux-fortes de Lalauze, 1 vol.

3° **Le Vicaire de Wakefield**, de Goldsmith, traduction, préface et notes par Charles Nodier, nouvelle édition. Eaux-fortes par Ad. Lalauze, 2 vol.

4° **Hoffmann.** Contes fantastiques tirés des Frères de Sérapion et des Contes nocturnes. Traduction de Loève-Veimars, avec une Préface par G. Brunet. Onze eaux-fortes par Ad. Lalauze. 2 vol.

5° **Contes de La Fontaine**, publiés par D. Jouaust, avec une Préface de Paul Lacroix. Dessins d'Ed. de Beaumont, gravés à l'eau-forte par Boilvin. 2 vol.

6° **Fables de La Fontaine**, publiées par D. Jouaust, avec l'Eloge de La Fontaine par Chamfort. Dessins d'Emile Adam, gravés à l'eau-forte par Le Rat. 2 vol.

7° **Les Amours du Chevalier de Faublas**, par Louvet de Couvray, avec une Préface par Hippolyte Fournier. Dessins de Paul Avril, gravés à l'eau-forte par Monziès. 5 vol.

8° **Montesquieu**. Lettres Persanes, avec une Préface par M. Tourneux. Dessins d'Ed. de Beaumont, gravés à l'eau-forte par Boilvin, 2 vol.

9° **J.-J. Rousseau.** La Nouvelle Héloïse, avec une Préface par J. Grand-Carteret. Dessins d'Ed. Hédouin, gravés par lui-même et par Toussaint, eaux-fortes de Lalauze, imprimées dans le texte. 6 vol.

10° **Silvio Pellico.** Mes Prisons, traduction nouvelle par Francisque Reynard. Dessins de Bramtot, gravés par Toussaint. 1 vol.

11° **Mémoires de Mme de Staal de Launay**, avec une Préface par Mme la baronne Double, et Quarante-et-une eaux-fortes par Ad. Lalauze. 2 vol.

119. **BIBLIOTHÈQUE DES DAMES,** publiée par Jouaust, illustrée de Frontispices, gravés par A. Lalauze, in-16, br., couv.

L'un des **20** exemplaires tirés sur PAPIER DE CHINE, avec triple épreuve des frontispices.

1° **La Princesse de Clèves**, par Mme de La Fayette, précédée d'une Etude, par M. de Lescure. 1 vol.

2° **Mme d'Aulnoy**. Les Contes des Fées, ou les Fées à la mode. Contes choisis publiés en deux volumes, avec une Préface par M. de Lescure. 2 vol.

3° **Œuvres choisies de Mme Des Houllières**, avec une Préface par M. de Lescure. 1 vol.

4° **La Vie de Marianne**, par Marivaux, précédée d'une Notice, par M. de Lescure. 3 vol.

5° **Œuvres morales de la M^ise^ de Lambert**, précédée d'une Etude critique par M. de Lescure. 1 vol.

6° **Souvenirs de Mme de Caylus**, réimprimés sur l'édition originale avec la Préface et les Notes de Voltaire et une Notice par Jules Soury. 1 vol.

7° **Demoustier**. Lettres à Émilie sur la Mythologie, avec une Préface par Paul Lacroix. 3 vol.

8° **Mémoires de Mme Roland**, avec une Préface par Jules Claretie. 2 vol.

9° **Mme de Krudener**. Valérie, publiée par D. Jouaust d'après l'édition originale. 1 vol.

10° **Education des Filles** de Fénelon, précédée d'une Introduction par Oct. Gréard. 1 vol.

120. **Bibliothèque illustrée,** publiée par A. Lemerre, 1874-1880, 7 vol. pet. in-8, pap. vergé, texte encadré de fil. rouges, br., couv.

Le Livre des Sonnets, dix dizains de sonnets choisis, précédé d'une Histoire du Sonnet par Ch. Asselineau. — Le Livre des Ballades, soixante ballades choisies, précédées d'une Histoire de la Ballade par Ch. Asselineau. — Histoire de Manon Lescaut, par l'abbé Prévost, avec une Notice par Anatole France, et 9 eaux-fortes d'après Gravelot et Pasquier, gravées par Louis Monziès. — Voyage autour de ma chambre, suivi de l'Expédition nocturne, par Xavier de Maistre, avec une Notice par Anatole France, et 5 eaux-fortes dessinées et gravées par Dupont. — B. de Saint-Pierre. Paul et Virginie, avec notice et notes par Anatole France. — Les Pastorales de Longus, ou Daphnis et Chloé, traduction de messire J. Amyot, revue, corrigée, complétée par P.-L. Courier, avec notice par Anatole France. — Les Contes de Ch. Perrault, d'après les textes originaux, avec notice, notes et variantes, et une Etude sur leurs origines et leur sens mythique, par Frédéric Dillaye.

121. **Boccace**. Les Dix Journées de Jean Boccace, traduction de Le Maçon, réimprimée par les soins de D. Jouaust, avec Notice, Notes et Glossaire, par Paul Lacroix. Onze eaux-fortes par Flameng. *Paris, Librairie des bibliophiles*, 1873, 4 tomes en 10 fasc. in-8, br., couv.

Tiré à 180 exemplaires numérotés (n° 138).
L'un des 150 sur papier de Hollande.

122. **Boccace**. Le Décaméron. Illustrations de Jacques Wagrez, traduction et notes de Francisque Reynard. *Paris, H. Launette et Cie. — G. Boudet, successeur*, 1890, 3 tomes en 10 fasc. in-4, en feuilles, dans des cartons.

Exemplaire tiré sur papier vélin, auquel on a joint : les couvertures imprimées en couleurs ; et le Prospectus de Publication.

123. **Bouchot** (Henri). Catherine de Médicis, illustrations d'après des documents contemporains, *Paris, J. Boussod, Manzi, Joyant et Cie*, 1899, in-4, pap. vél., illustré de 1 portrait-frontispice en couleurs, 48 planches en photogravure, dont 40 hors texte en noir ou en plusieurs tons, br., couv.

124. **Bouchot** (Henri). L'Épopée du Costume Militaire Français. Aquarelles et Dessins originaux de Job. *Paris, Société Française d'Editions d'Art. L.-H. May, s. d.* (1898), gr. in-4, pap. vél., titre r. et n., grav. en noir et en couleurs de MM. Raymond, Ducourtioux et Huillard, br., couv. impr. en couleurs.

125. **BOURGET** (Paul). **Pastels.** dix portraits de femmes. Nouvelle édition, revue et corrigée par l'auteur. Illustrations de Robaudi et Giraldon. *Paris, L. Conquet*, 1895, in-8, en feuilles, dans un carton.

Tirage unique à **200** exemplaires numérotés, tous sur papier du **Japon**.
L'Illustration de cette édition se compose de :

1° Onze aquarelles de Robaudi (une sur le faux-titre général et dix sur les faux-titres des chapitres).

Ces aquarelles reproduites en creux sur cuivre par Chauvet et Hellé ont été imprimées en couleurs à la poupée par Wittmann et RETOUCHÉES par l'ARTISTE.

2° Trente cinq aquarelles de Giraldon (Une couverture, un fleuron de titre, dix en-têtes, dix lettres ornées, dix culs-de-lampe, un en-tête et un cul-de-lampe pour la table, un fleuron pour le verso de la couverture).

Ces aquarelles reproduites en relief par Ducourtioux et Huillard, ont été imprimées typographiquement en couleurs par Chamerot et Renouard.

Exemplaire auquel on a joint la suite des tirages à part des illustrations.

126. **Boutet de Monvel** (M.). Jeanne d'Arc. *Paris, Plon et Cie, s. d.* Album in-4 obl., avec texte, renfermant les reproductions en chromotypographie de 48 compositions à l'aquarelle de M. Boutet de Monvel, en feuilles, dans un cart. artistique.

Exemplaire de premier tirage.

127. **Brantome.** Les Sept Discours touchant les Dames Galantes, du sieur de Brantome, publiés sur les manuscrits de la Bibliothèque nationale, par Henri Bouchot. Dessins

d'Edouard de Beaumont, gravés par E. Boilvin. *Paris, Librairie des bibliophiles*, 1882, 3 vol. in-8, br., couv.

Tiré à **220** exemplaires numérotés (n° 62).
L'un des 170 sur papier de Hollande.

128. **Brillat-Savarin.** Physiologie du Gout, avec une Préface par Ch. Monselet. Eaux-fortes par Ad. Lalauze. *Paris, Librairie des bibliophiles*, 1879, 2 vol. in-16, pap. vergé de Holl., br., couv.

129. **Cahu** (Théodore) et Maurice **Leloir**. Richelieu. Avant-propos de Gabriel Hanotaux, de l'Académie Française. *Paris, Ancienne Librairie Furne, Combet et Cie, éditeurs*, 1901, gr. in-4, en feuilles, couv. impr. en couleurs, dans un carton illust. de l'éditeur.

Ouvrage illustré de Chromotypogravures de Caeille et Despréaux.
On y joint le Catalogue illustré de vente des Aquarelles de Maurice Leloir ayant servi à l'illustration de Richelieu. *Paris*, 1901, in-8, br., couv.

130. **Calendrier Parisien pour 1892.** Texte par Hugues Le Roux. Treize lithographies par Dillon. *Paris, L. Conquet*, 1892, in-16, br., couv.

Exemplaire tiré sur papier vélin non mis dans le commerce.

131. **Cantiques d'Amour.** Dessins de Maurice Neumont, préface par Arsène Houssaye. Poésies de Alexandre Dumas, Armand Silvestre, Catulle Mendès, Jean Richepin, André Theuriet, Paul Arène, René Maizeroy, Georges d'Esparbès, Auguste Dorchain, Jean Aicard, Robert de Montesquiou, Emile Boucher. *Paris : Le Journal.— Emile Boucher, s. d.*, in-fol., en feuilles, dans un carton. impr. en couleurs et or.

132. **Caquets de l'Accouchée** (Les). Publiés par D. Jouaust, avec une Préface de Louis Ulbach, eaux-fortes par Ad. Lalauze. *Paris, Librairie des bibliophiles*, 1888, in-8, br., couv.

Tiré à 215 exemplaires numérotés (n° 193).
L'un des **170** sur papier de Hollande.

133. **Caricature Française** au XIXe siècle (Les Maitres de la); 115 Fac-similés de grandes Caricatures en noir, 5 Fac-similés de Lithographies en couleurs. Notice de M. Armand Dayot, illustrée de Vignettes originales (Edition du Figaro). *Paris, Quantin, s. d.*, in-4, br., couv. illust.

134. **Catalogue** des Objets d'Art et d'Ameublement des XVIe, XVIIe et XVIIIe siècles. Faïences italiennes, de Bernard Palissy et autres. Bronzes d'art et d'ameublement, etc., etc., dépendant de la succession de Mme d'Yvon. *Paris, Ch. Mannheim. — A. Bloche*, 1892, in-fol., planches hors texte en phototypie Berthaud, br., couv.

135. **Cent Nouvelles nouvelles** (Les Dix Dizaines des), réimprimées par les soins de D. Jouaust, avec notice, notes et glossaire par Paul Lacroix. Dessins gravés de Jules Garnier. *Paris, Librairie des bibliophiles*, 1874, 4 tomes en 10 fasc. in-8, br., couv.

Tiré à 200 exemplaires numérotés (n° 163).
L'un des **170** sur papier de Hollande.

136. **Cent Nouvelles nouvelles** (Les). Edition revue sur les textes originaux et illustrée de plus de 300 dessins par A. Robida. *Paris, Librairie illustrée, s. d.*, 2 vol. in-8, br., couv. impr. en couleurs.

137. **Champfleury**. Le Violon de Faïence. Dessins en couleur par Emile Renard, eaux-fortes par M. J. Adeline. *Paris, Dentu*, 1877, in-8, pap. vél., br.

Edition originale, avec la couverture.

138. **Champfleury**. Le Violon de Faïence. Nouvelle édition, illustrée de 34 eaux-fortes de Jules Adeline, avant-propos de l'auteur. *Paris, L. Conquet*, 1885, in-8 écu.

Tiré à 500 exemplaires numérotés (n° 346).
L'un des **350** sur papier vélin à la forme.
On y joint : Jules Adeline. La Légende du Violon de Faïence. Huit compositions gravées à l'eau-forte par l'auteur. *Paris, L. Conquet*, 1895, in-8 écu, br., couv.
Exemplaire sur papier vélin du Marais à la forme (Offert par l'Éditeur).

139. **Chansonnier historique du XVIIIe siècle**. Recueil Clairambault-Maurepas. Publié avec Introduction, commentaire, notes et index, par Em. Raunié, orné de portraits à l'eau-forte par Rousselle et Rivoalen. *Paris, Quantin*, 1879, 1884, 10 vol. in-12, br., couv.

L'un des **50** exemplaires tirés sur PAPIER DE CHINE (n° 15), avec double épreuve des portraits, sur Hollande avec lettre et sur Japon avant lettre.

140. **CHEFS-D'ŒUVRES ANTIQUES** (Petits). *Paris, Quantin*, 1878-1889, 14 vol. in-32, en-têtes et encadrements en plusieurs tons, br., couv.

Collection complète.

Apulée. L'Amour et Psyché. — Longus. Daphnis et Chloé. — Musée. Héro et Léandre. — Ovide. Les Amours. — Tatius. Leucippe et Clitophon. — Lucien. Dialogues des Courtisanes. — Virgile. Les Bucoliques. — Poésies de Anacréon et de Sapho. — Apollonius de Rhodes. Jason et Médée. — Horace. Odes et Epodes. — Théocrite. Les Idylles. — Properce. Les Élégies. — Lucius. L'Ane. — Catulle. Odes à Lesbie et Epithalame de Thétis et Pélée.

141. **CHEVIGNÉ** (Comte de). Les **Contes Rémois**, dessins de E. Meissonier. Troisième édition. *Paris, Michel Lévy frères*, 1858, in-8. portraits et vignettes, mar. La Vallière clair, ornem. mosaïque sur le dos et aux angles, 5 fil. et ornem. dor. sur les plats, large dent. int., tr. dor. sur brochure, couv. (*Bretault*).

PREMIER TIRAGE des illustrations de Meissonier.
Bel exemplaire en grand PAPIER VÉLIN, avec la couverture.

142. **Chevigné** (Comte de). Les Contes Rémois. dessins de E. Meissonier. Sixième édition. *Paris, M. Lévy frères*, 1864, in-16, pap. vergé, titre r. et n., texte encadré de fil. noirs, portraits et vignettes en-têtes, br., couv.

Cette édition contient 4 Contes nouveaux illustrés par Foulquier.

143. **Chevigné** (Comte de). Les Contes Rémois. Douzième édition, précédée de la Muse Champenoise, par Louis Lacour. Dessins de Jules Worms, gravés à l'eau-forte par Paul Rajon. *Paris, Librairie des bibliophiles*, 1877, in-16, br., couv.

L'un des **25** exemplaires tirés sur PAPIER WHATMAN, avec les gravures avant la lettre.

144. **Clairville**. La Fille de Mme Angot, opéra-comique en trois actes. Paroles de MM. Clairville, Siraudin et Koning, musique de C. Lecocq. *Paris, F. Polo. — Bruxelles, Sardou*, 1875, gr. in-8, texte encadré de 2 fil. noirs, br., couv. illust.

Édition illustrée de costumes coloriés, dessinés par A. Grévin, de vignettes de P. Hadol, des portraits et des autographes des auteurs de la musique et du livret, accompagnee de la musique des principaux airs, et d'une notice historique par Jules Claretie.

145. **Claretie** (Jules). Bouddha. 1 frontispice et 10 vignettes dessinés par Robaudi, gravés par A. Nargeot. *Paris, L. Conquet*, 1888. in-16, br.

Tiré à 400 exemplaires numérotés (n° 233).
L'un des 250 sur papier vergé du Marais.

146. **Claretie** (Jules). La Canne de M. Michelet. — Promenades et Souvenirs. — Préface par Alfred Mézières. Douze compositions de P. Jazet, gravées à l'eau-forte par H. Toussaint. *Paris, L. Conquet*, 1886, pet. in-8, pet. pap. vél. à la cuve, br., couv.

147. **Claretie** (Jules). Le Drapeau, Edition illustrée de Gravures hors texte, par A. de Neuville, de gravures sur bois, d'après les dessins de Edmond Morin, et du portrait de l'auteur gravé à l'eau-forte par A. Gilbert. *Paris, G. Decaux. — M. Dreyfous*, 1879, in-4, pap. vél., texte encadré de fil. tricolore, br., couv.

148. **Claretie** (Jules). Le Drapeau. Edition illustrée de 1 frontispice et 12 vignettes dessinés par Kauffmann et gravés par Clapès. *Paris, Calmann-Lévy (pour L. Conquet)*, 1886, pet. in-8, br., couv.

L'un des **225** exemplaires tirés sur PAPIER VÉLIN à la cuve du Marais (n° 122), avec les figures tirées dans le texte.

149. **Coignet** (Les Cahiers du Capitaine) (1776-1850). Publiés d'après le manuscrit original, par Lorédan Larchey. illustrés par J. Le Blant. *Paris, Hachette et Cie*, 1888, in-4, titre r. et n., br., couv. illust.

Exemplaire tiré sur PAPIER VÉLIN, auquel on a joint :
1° 2 Prospectus différents de Publication.
2° Le Catalogue illustré de Vente des Dessins et Aquarelles de J. Le Blant, pour les Cahiers du Capitaine Coignet. *Paris*, 1896, gr. in-8, pap. vél. du Marais, br., couv.

150. **Coignet** (Catalogue des Aquarelles et Dessins originaux de Julien le Blant, pour les Cahiers du Capitaine). *Paris, E. Féral*, 1896, in-4, fig., br., couv.

L'un des **110** exemplaires tirés sur PAPIER DU JAPON (n° 85) contenant une double suite de toutes les gravures, *avant* et *avec* la lettre.

151. **COLLECTION-BIJOU**, publiée par Jouaust, in-16, texte encadré de filets rouges, br., couv. (*pourra être divisé*)

Exemplaires tirés sur PAPIER DE CHINE.

1° **Poésies de Anacréon**, nouvellement traduites et accompagnées d'une Préface par Maurice Albert. Compositions d'Émile Lévy, gravées à l'eau-forte par Champollion. Dessins de Giacomelli, gravés sur bois par Rouget.

On y joint. Le tirage à part des gravures à l'eau-forte, sur **Chine avant la lettre**.

2° **Chateaubriand**. Atala, ou les Amours de deux Sauvages, suivi de René. Compositions d'Émile Lévy, gravées à l'eau-forte par Boutelié. Dessins de Giacomelli, gravés sur bois par Rouget et Sargent.

On y joint. Le tirage à part des gravures à l'eau-forte en 2 états, sur **Chine avant et avec la lettre**.

3° **Eschyle**. L'Orestie, traduction d'Alexis Pierron, avec une Préface par Jules Lemaitre. Dessins de Rochegrosse, gravés à l'eau-forte par Champollion.

On y joint. Le tirage à part des gravures à l'eau-forte en 2 états, sur **Chine avant et avec la lettre**.

4° **La Fontaine**. Psyché, publié par D. Jouaust. Compositions d'Émile Lévy, gravées à l'eau-forte par Boutelié. Dessins de Giacomelli, gravés sur bois par Sargent.

On y joint. Le tirage à part des gravures à l'eau-forte en 2 états, sur **Chine** *avec* la lettre et sur **Hollande** *avant* la lettre.

5° **Longus**. Daphnis et Chloé, traduction d'Amyot. Compositions d'Émile Lévy, gravées à l'eau-forte par Flameng. Dessins de Giacomelli, gravés sur bois par Rouget et Sargent.

On y joint. Le tirage à part des gravures à l'eau-forte en deux états, sur **Chine** *avec* la lettre et sur **Whatman** *avant* la lettre.

6° **B. de Saint-Pierre** Paul et Virginie, préface par J. Janin. Compositions d'Émile Lévy, gravées à l'eau-forte par Flameng. Dessins de Giacomelli, gravés sur bois par Rouget et Sargent.

On y joint. Le tirage à part des gravures à l'eau-forte en 2 états, sur **Chine avant et avec la lettre**.

7° **Tasse**. Aminte, traduction du sieur de La Brosse, avec une Préface par H. Reynald. Compositions de Victor Ranvier, gravées à l'eau-forte par Champollion. Dessins de H. Giacomelli, gravés sur bois par Méaulle.

On y joint. Le tirage à part des gravures à l'eau-forte en 2 états, sur **Chine** *avec* la lettre et sur **Hollande** *avant* la lettre.

8° **Théocrite**. Idylles, traduction nouvelle par Jules Girard. Compositions d'Émile Lévy, gravées à l'eau-forte par Champollion, Dessins de Giacomelli, gravés sur bois par Berveiller.

On y joint. Le tirage à part des gravures à l'eau-forte en 2 états, sur Chine *avant* et *avec* la lettre.

152. **Collection Lahure**. *Paris, A. Lahure, — Rouveyre et Blond*, 1883-1884, 3 tom. en 4 vol. in-8, y compris 1 vol. de planches, br., couv. imp. en couleurs.

Chroniques du temps passé. Le Conte de l'Archer, par Armand Silvestre. Aquarelles de A. Poirson gravées par Gillot, impression chromotypographique par A. Lahure, 2 vol. y compris 1 vol. du tirage à part des illustrations. — Voyage de Paris à Saint-Cloud par Mer, et retour de Saint-Cloud à Paris par terre, par Néel, avec une préface et des notes par E. Legrand. Aquarelles de Jeannot gravées par Gillot, 1 vol. — La Matrone du Pays de Soung. Les Deux Jumelles (contes chinois), avec une préface par E. Legrand, 1 vol.

L'un des **50** exemplaires numérotés sur PAPIER DU JAPON, avec tirage à part du trait et tirage à part des aquarelles avant la lettre, tous deux également sur papier du Japon.

On ajoute une suite de 12 tirages à part de la Couverture pour les Contes de l'Archer.

153. **Collection Ed. Monnier**. 11 vol. et broch. in-8, br., couv. imp. en couleurs.

A. Carel. Folles de leur corps. Illustrations de Hope, 1884. — Pommes d'Eve. Douze contes en chemise, par une jolie fille. Illustrations de J. Roy. 1884. — Guy de Saint-Môr. Péchés Mortels. Illustrations de F. Bac, A. Marie, Rochegrosse, Roy, Scott, etc. 1884. — Histoires débraillées, par l'Auteur de Pommes d'Eve. Illustrées par de joyeux Artistes. 1884. — Contes de Figaro, par du Boisgobey, Claretie, Coppée, Etincelle, Mary, Monselet, Mortier, Richard, Villiers de l'Isle-Adam. Illustrations de Myrbach. 1885. — La Feuille à l'envers, par Edouard Montagne. Illustrations de Gorguet et Fau. 1885. — Gyp. Une Gauche célèbre. Illustrations de Aug. Gorguet. 1886.— Ed. Monnier, de Brunhoff et Cie. Catalogue illustré (Œuvres choisies) *s. d.* — Contes de Gil Blas. P. Arène. *Les Coups de Fusil*. Th. de Banville. *La Dame Anglaise*. Hervieu. *Le Taureau du Jouvet*. R. Maizeroy. *Thérèse Vigneaux*. Catulle Mendès. *Le Prix de la Gloire*, etc., etc. Illustrations par Combet, Myrbach, Caran d'Ache, E. Courboin, etc., etc. *s. d.*, 3 fasc.

154. **Constant** (Benjamin). Adolphe. Portrait gravé par Courboin d'après Desmarais, préface par Paul Bourget. *Paris, L. Conquet*, 1889, in-16, br., couv.

L'un des **100** exemplaires tirés sur PAPIER DU JAPON (n° 36).

155. **Conteurs Français** (Les) publiés par Jouaust. *Paris, Librairie des bibliophiles*, 1874-1883, 10 vol. in-8 écu, papier vergé de Hollande, br., couv.

Nouvelles Récréations et joyeux devis de B. des Periers, suivis du Cymbalum mundi, réimprimés par les soins de D. Jouaust, avec une Notice, des Notes et un Glossaire; par Louis Lacour. 2 vol. — Contes et Discours d'Eutrapel de Noel du Fail, réimprimés par les soins de D. Jouaust, avec une Notice, des Notes et un Glossaire, par C. Hippeau. 2 vol. — Œuvres du seigneur de Cholières (Les Matinées. — Les Après-Dinées). Edition préparée par Ed. Tricotel. Notes, index et glossaire par D. Jouaust. Préface par Paul Lacroix. 2 vol — Marguerite de Navarre. L'Heptaméron des Nouvelles, réimprimé par les soins de D. Jouaust, avec une Notice, des Notes et un Glossaire, par Paul Lacroix. 2 vol. — L'Elite des Contes du sieur d'Ouville, réimprimée sur l'édition de Rouen 1680, avec une Préface et des Notes, par G. Brunet. 2 vol.

156. **Coppée** (François). Bleuette, conte en vers. Illustrations (en couleurs) de Henri Pille, gravées par A. Prunaire. *Paris, A. Lemerre, s. d.*, in-4, cart., dos et coins de perc., non rog., couv.

Edition originale, avec la couverture illustrée.

157. **COPPÉE** (François). **Le Passant**, comédie en un acte, en vers. Reproduction en fac-simile du manuscrit de l'auteur et d'une page de musique de J. Massenet. Compositions de Louis Edouard Fournier, eaux-fortes de Léon Boisson. *Paris, A. Magnier*, 1897, gr. in-8, br., couv. illust.

De la Collection des Dix.
L'un des **15** exemplaires tirés sur PAPIER VELIN de cuve, avec une double suite des eaux-fortes.

158. **Cousin** (Charles). Voyage dans un Grenier, par Ch. C..... (Charles Cousin). Bouquins, Faïences, Autographes et Bibelots. *Paris, D. Morgand et Ch. Fatout*, 1878, gr. in-8, pap. vergé de Holl., planches hors texte en noir et en couleurs, br., couv.

Envoi autographe, signé de l'auteur.

159. **Cousin** (Charles). Racontars illustrés d'un vieux collectionneur, par l'auteur du « Voyage dans un Grenier » (Charles Cousin). — Bouquins, Tableaux, Dessins, Faïences, Autographes et Bibelots. *Paris, Librairie de l'Art*, 1887, in-4 jésus, sur pap. du Japon, avec les Autographes, Chromotypies, Figures en taille-douce et Photogravures, br., couv.

160. **Daudet** (Alphonse). La Belle-Nivernaise. Histoire d'un vieux bateau et de son équipage. *Paris, Marpon et Flammarion, s. d.*, gr. in-8, fig., br.

Edition originale, avec la couverture.

Ouvrage illustré par Montégut, de nombreuses gravures dans le texte et de planches à part tirées en phototypie.

161. **DAUDET** (Alphonse). La Défense de Tarascon. Seize aquarelles d'après Draner. *Paris, L. Conquet*, 1886, in-16, mar. rouge, dos orné, comp. de 3 fil. droits et courbés sur les plats et ornem. aux angles, dent. int., tr. dor. sur brochure, couv. (*Marius Michel*).

Edition non mise dans le commerce.
Bel exemplaire tiré sur papier vélin blanc, avec les tirages à part en noir sur Japon.

162. **Daudet** (Alphonse). Fromont jeune et Risler aîné. Ouvrage couronné par l'Académie française. Illustrations par Edmond Morin. *Paris, Charpentier*, 1880, gr. in-8, br., couv. illust.

Première édition illustrée.
L'un des exemplaires tirés sur PAPIER DE CHINE, auquel on a joint une **seconde couverture** imprimée sur **papier vert**.

163. **Daudet** (Alphonse). Fromont jeune et Risler aîné, mœurs parisiennes. Notice littéraire par Gustave Geffroy. Douze compositions de Em. Bayard, gravées à l'eau-forte par J. Massard. *Paris, L. Conquet*, 1885, 2 vol. pet. in-8, br., couv.

Tirage unique à 500 exemplaires numérotés (n° 160).
L'un des 350 sur papier vélin du Marais à la forme, avec le Prospectus de l'édition ajouté.

164. **DAUDET** (Alphonse). **Sapho.** Compositions de Auguste-François Gorguet, gravures à l'eau-forte par Louis Muller. *Paris, A. Magnier*, 1897, in-8 raisin, br., couv. illust.

De la Collection des Dix.
L'un des **50** exemplaires numérotés sur PAPIER VÉLIN de cuve, contenant une suite tirage à part de toutes les illustrations dans le texte et une double suite des illustrations hors texte gravées à l'eau-forte.
On y joint le Prospectus de Publication tiré sur papier de Chine.

165. **Daudet** (Alphonse). Trente ans de Paris. — Tartarin sur les Alpes. — Souvenirs d'un Homme de Lettres. — Premier Voyage. — Premiers Mensonges. — La Fedor, pages de la vie. *Paris, Marpon et Flammarion*, 1888 et *s. d.*, 5 vol. in-12. Illustrations par Bieler, Myrbach, Rossi, Montégut,

Aranda, de Beaumont, Bigot-Valentin, Fabrès, etc., br., couv. impr. en couleurs.

On y joint le Prospectus illustré de Publication pour Tartarin sur les Alpes.

166. **Dayot** (Armand). Napoléon raconté par l'image, d'après les Sculpteurs, les Graveurs et les Peintres. *Paris, Hachette et Cie*, 1895, in-4, avec 500 reproductions diverses, 22 planches hors texte tirées en héliogravure, br., couv. or.

167. **Delapalme**. Le Livre de mes Petits-Enfants. Dessins par H. Giacomelli. *Paris, Hachette et Cie*, 1866, gr. in-8, pap. teinté, titre r. et n., texte encadré de fil. n., cart. dos et coins de mar. bleu, non rog., couv. illust.

Première édition.

168. **Delmet** (Paul). Chansons de Femmes. Poésies de : Henri Bernard, Théodore Botrel, Maurice Boukay, Louis Forest, Jacques Madeleine, Henri Maïgrot, Jules Méry, Bertrand Millanvoye, Armand Silvestre, Léon Suès. — Préface d'Armand Silvestre. — Lithographies de Steinlen. *Paris, Enoch et Cie. — P. Ollendorff*, 1896, gr. in-8, br., couv. illust.

L'un des **50** exemplaires tirés sur **papier du Japon** (nº 35).

169. **Derôme** (L.). La Reliure de Luxe. Le Livre et l'Amateur. Illustrations inédites, reproduites d'après les types originaux, par Aron Frères, et Dessins de G. Fraipont, C. Kurner, M. Perret. Frontispice-Reliure peinte par J. Adeline. *Paris, E. Rouveyre*, 1888, gr. in-8, pap. vél. teinté, br., couv.

170. **Doucet** (Jérôme). Trois Légendes, d'Or, d'Argent et de Cuivre — Sainte Marie l'Egyptienne — Le beau visage de la Mort — L'Ame du Samovar. Illustré de trente-trois compositions par Georges Rochegrosse, gravées en taille-douce. *Paris, A. Ferroud*, 1901, in-8, br., couv.

Tiré à 350 exemplaires numérotés (nº 255).
L'un des **220** sur papier vélin d'Arches.

171. **Droz** (Gustave). Monsieur, Madame et Bébé. Edition illustrée par Edmond Morin, et ornée d'un portrait de l'auteur en frontispice, gravé par Léopold Flameng. *Paris, V. Havard*, 1878, gr. in-8, titre r. et n., br., couv. illust.

L'un des **150** exemplaires numérotés sur papier de **Hollande** (nº 136).

172. **Du Camp** (Maxime). Une Histoire d'Amour. Un portrait gravé par A. Lamotte, huit compositions de P. Blanchard, gravées par Buland. *Paris, L. Conquet*, 1888, in-16, pap. vergé du Marais, br., couv.

On y joint 4 prospectus de publication, illustrés de 4 gravures différentes.

173. **Ducros** (Emmanuel). Une Cigale au Salon de 1885. *Paris, L. Baschet*, 1885, in-4, avec encadrements reproduits en photogravure, imprimés en plusieurs teintes, br., couv. illust.

174. **Dumas** (Alexandre). Le Chevalier de Maison-Rouge. Illustrations de Julien Le Blant, gravées sur bois par Léveillé. *Paris, E. Testard*, 1894, 2 vol. — Le Chevalier de Maison-Rouge, compositions de Julien Le Blant, gravées à l'eau-forte par Géry-Bichard, préface par G. Larroumet. *Paris, E. Testard*, 1894, 1 vol. — Ens. 3 vol. gr. in-8, br., couv. et en portefeuille.

L'un des **75** exemplaires tirés sur PAPIER DU JAPON (n° 48) contenant : 1° la suite des eaux-fortes de Géry-Bichard en 4 états, dont l'eau-forte pure avec remarques sur Japon. — 2° le tirage à part de toutes les gravures sur bois tirées sur Japon.

175. **Dumas** (Alexandre). Herminie — L'Amazone — Edition illustrée de 1 frontispice et 14 vignettes dessinés par Robaudi et gravés par Deville. *Paris, Calmann Lévy* (*pour L. Conquet*), 1888, pet. in-8, br., couv.

L'un des **225** exemplaires tirés sur PAPIER VÉLIN du Marais (n° 180), avec les figures tirées dans le texte.

176. **DUMAS** (Alexandre). Les **Trois Mousquetaires**, avec une lettre d'Alexandre Dumas fils. Compositions de Maurice Leloir, gravures sur bois de J. Huyot. *Paris, Calmann Lévy*, 1894, 2 vol. in-4, br., couv. illust.

L'un des **100** exemplaires numérotés sur PAPIER DE CHINE, avec les **tirages à part** de chaque gravure.

On y joint : 1° le Prospectus de Publication. — 2° le Catalogue illustré de Vente, de 250 Dessins originaux de Maurice Leloir pour les Trois Mousquetaires d'Alexandre Dumas, plaq. gr. in-8, br., couv. Exemplaire sur papier de Chine.

177. **Dumas fils** (Alexandre). Un Cas de Rupture. Illustrations page à page, par Eugène Courboin. *Paris, Ancienne Maison*

Quantin (May et Motteroz), 1892, in-4, pap. vél., br., couv. illust., emboitage.

On y joint le Prospectus illustré de Publication.

178. **Dumas fils** (Alexandre). La Dame aux Camélias, préface par M. Jules Janin. *Paris, M. Lévy frères*, 1872, in-8 raisin, titre r. et n., port. à l'eau-forte, br., couv.

Cette édition spéciale, revue et corrigée par l'auteur est tirée seulement à 526 exemplaires numérotés (n° 217).
L'un des **500** sur papier de **Hollande**.

179. **Dumas fils** (Alexandre). La Dame aux Camélias, préface de J. Janin et nouvelle préface inédite de l'auteur. Illustrations de A. Lynch. *Paris, Quantin, s. d.* (1887), in-4, titre r. et n., br., couv. impr. en couleurs.

Exemplaire tiré sur papier vélin, auquel on a joint le Prospectus de Publication.

180. **DUMAS FILS** (Alexandre). Théâtre complet, avec Préfaces inédites, 7 vol. — Notes pour les tomes I à VI, 2 vol.— Théâtre des Autres, 2 vol. Compositions de Robaudi, gravées à l'eau-forte par Abot. *Paris, Calmann Lévy*, 1890-1894. — Ensemble 11 vol. in-8, br., couv.

L'un des **135** exemplaires numérotés, sur grand PAPIER VERGÉ, texte réimposé, tirés pour la librairie L. Conquet (n° 35), avec double épreuve des eaux-fortes, *avant* et *avec* la lettre.

181. **Eau** (L'.). 23 compositions par A. Sezanne. Texte par Alphonse Daudet, Paul Arène, Charles Yriarte et Henri de Parville. *Paris, J. Rothschild*, 1889, in-fol. en feuilles, dans un carton.

182. **Esparbès** (Georges d'.). La Légende de l'Aigle. Compositions de François Thévenot, gravées par Florian et Romagnol. *Paris, Librairie de la Collection des Dix. A. Romagnol, Directeur*, 1901, in-4, br., couv. illust.

Tiré à 350 exemplaires numérotés (n° 197).
L'un des **255** sur **papier vélin** à la forme des Papeteries d'Arches.

183. **Exposition des Beaux-Arts** (Salons de 1880-1881-1882), comprenant de nombr. planches en photogravure par Goupil et Cie, dessins hors texte, en-têtes, etc., avec texte par MM. Ph. Burty, Dan. Bernard, V. Champier, J.-K. Huysmans,

M. Vachon, etc., etc. *Paris, L. Baschet*, 1880-1882, 3 vol. gr. in-8, br., couv. illust.

L'année 1880 est en feuilles, avec la couverture illustrée.

184. **Fabre** (Ferdinand). L'Abbé Tigrane candidat à la papauté. Un portrait d'après J.-P. Laurens, et vingt eaux-fortes originales de E. Rudaux. *Paris, L. Conquet*, 1890, in-8 écu, br., couv.

Tiré à 500 exemplaires numérotés (nº 278).
L'un des **350** sur papier vélin du Marais.

185. **Fabre** (Ferdinand). Xavière, roman, illustré par Maurice Boutet de Monvel. *Paris, Boussod, Valadon et Cie*, 1890, in-4, illustré de 36 planches en photogravure, dont 28 hors texte, br., couv.

Exemplaire tiré sur papier vélin. Planches imprimées en noir.

186. **Feuillet** (Octave). Julia de Trécœur. Edition illustrée de 1 frontispice et 15 vignettes dessinés par Henriot et gravés par Clapès. *Paris, Calmann Lévy (pour L. Conquet)*, 1885, pet. in-8, br., couv.

L'un des **225** exemplaires tirés sur PAPIER VÉLIN à la cuve du Marais (nº 117), avec les figures imprimées dans le texte

187. **Feuillet de Conches**. Contes d'un vieil enfant. *Paris, Librairie nouvelle, s. d.* (1860), gr. in-8, br., couv. illust.

Ouvrage illustré de 24 vignettes dans le texte, 1 titre et 12 planches hors texte : gravés sur bois par Jahyer et autres, d'après Ed. Morin.
Première édition avec les dessins d'Ed. Morin.

188. **Feuillets glanés**. Poésies inédites, par MM. J. Aicard, Th. de Banville, F. Coppée, A. Silvestre, Sully Prudhomme, A. Theuriet, etc., etc. *Paris, Librairie de l'Art, s. d.*, in-4, texte avec encadrements, frises et culs-de-lampe par Habert-Dys, eaux-fortes par A. Lalauze, Boilvin, Ed. Hédouin, Gaujean, Martial, etc., etc., d'après Stenheil, Boucher, Chapelin, etc., etc., cart. de l'éditeur, toile, fers spéciaux, tr. dor.

189. **Figures de Paris**. Ceux qu'on rencontre et celles qu'on frôle. Illustrations de Victor Mignot. Proses de MM. Maurice Beaubourg, André Beaunier, Saint-Georges de Bouhélier, Louis Codet, Franc-Nohain, Alfred Jarry, Gustave Kahn,

Tristan Klingsor, Albert Lantoine, Jean Lorrain, Charles-Louis Philippe, Edmond Pilon, Georges Pioch, Hugues Rebell, Octave Uzanne. *A Paris, pour les Bibliophiles indépendants, chez le libraire Henry Floury*, 1901, in-4, pap. vél. de Holl., br., couv. impr. en couleurs.

Tiré à 218 exemplaires numérotés (nº 142).

190. **Flaubert** (Gustave). Un Cœur Simple, illustré de vingt-trois compositions par Emile Adan, gravées à l'eau-forte par Champollion, préface par A. de Claye. *Paris, A. Ferroud*, 1894, in-8 raisin, br., couv. illust.

L'un des **250** exemplaires numérotés sur PAPIER VÉLIN d'Arches, avec les eaux-fortes avec la lettre. — Prospectus de l'édition, ajouté.

191. **Flaubert** (Gustave). Hérodias. Compositions de Georges Rochegrosse, gravées à l'eau-forte par Champollion, préface par Anatole France. *Paris, A. Ferroud*, 1892, in-8 raisin, br., couv. illust.

L'un des **250** exemplaires tirés sur PAPIER VÉLIN d'Arches, avec les eaux-fortes avec la lettre.

192. **Flaubert** (Gustave). La Légende de Saint-Julien l'Hospitalier, illustré de Vingt-six compositions par Luc-Olivier Merson, gravées à l'eau-forte par Géry-Bichard, préface par Marcel Schwob. *Paris, A. Ferroud*. 1895, in-8 raisin, br., couv.

L'un des **250** exemplaires tirés sur PAPIER VÉLIN d'Arches, avec les eaux-fortes avec la lettre. — Prospectus de l'édition, ajouté

193. **Fleuriot** (Mlle Zénaïde). Plus Tard ou le jeune chef de famille. Ouvrage illustré de 74 vignettes dessinées sur bois par E. Bayard. *Paris, Hachette et Cie*, 1875, in-12, br., couv.

De la Bibliothèque rose illustrée.
L'un des quelques exemplaires tirés sur PAPIER DE CHINE.

194. **Fleuriot** (Mlle Zénaïde). Tranquille et Tourbillon. Ouvrage illustré de 45 vignettes dessinées par A. Ferdinandus. *Paris, Hachette et Cie*, 1880, in-12, br., couv.

De la Bibliothèque rose illustrée.
L'un des quelques exemplaires tirés sur PAPIER DE CHINE.

195. **Florian**. Fables, préface par M. Anatole de Montaiglon. Compositions inédites de Moreau, gravées par Martial. *Paris, P. Rouquette*, 1882, in-16, pap. vergé, titre r. et n., br., couv.

196. **Florian**. Fables, avec une préface par Honoré Bonhomme. Dessins d'Emile Adan, gravés à l'eau-forte par Le Rat. *Paris, Librairie des bibliophiles*, 1886, in-16, br., couv.

L'un des **25** exemplaires tirés sur PAPIER DE CHINE (nº 8), avec double épreuve des gravures, *avant* et *avec* la lettre.

197. **Florian**. Fables choisies de Florian, illustrées par des artistes japonais, sous la direction de P. Barboutau. *Tokio. Paris, E. Flammarion, s. d.*, 2 vol. in-4 obl., illustrations en couleurs, br., couv. impr. en couleurs.

198. **Florian**. Fables choisies de Florian, illustrées par des artistes japonais, sous la direction de P. Barboutau. *Tokio. Paris, Marpon et Flammarion, s. d.*, 2 vol. pet. in-8, fig. en couleurs, br., couv. impr. en couleurs.

199. **Florian**. Kédar et Améla, illustré de dix compositions en couleurs de L. Fauret, préface par A. de Claye. *Paris, A. Ferroud*, 1901, in-12, br., couv. illust.

Tiré à 350 exemplaires numérotés (nº 346).
L'un des 220 sur papier vélin d'Arches. — On y joint le Prospectus de Publication.

200. **Forain** et **Caran d'Ache**. Psst... ! Images par Forain et Caran d'Ache (nº 1-5 février 1898 au nº 52 janvier 1899). *Paris, Librairie Plon*, 1898, 52 numéros in-fol., en feuilles.

201. **France** (Anatole). Balthasar et la Reine Balkis. Aquarelles originales d'après Henri Caruchet. *Paris, Librairie L. Conquet*. 1900, in-8 carré, br., couv. illust.

L'un des 300 exemplaires tirés sur papier vélin du Marais, non mis dans le commerce.

202. **France** (Anatole). Clio. Illustrations (en couleurs) de Mucha. *Paris, Calmann-Lévy*, 1900, pet. in-8 carré. br.

Edition originale, avec la couverture illustrée.

203. **FRANCE** (Anatole). La leçon bien apprise. conte inédit. Imagé et Manuscrit par Léon Lebègue, tiré en deux tons sur

un superbe vélin du Japon, et entièrement aquarellé à la main sous la direction de l'artiste, double tirage des gravures en noir avant texte sur Chine. *Paris, Imprimé pour les Bibliophiles indépendants, H. Floury*. 1898, in-8 carré, br., couv. imp. en couleurs.

Tiré à 210 exemplaires numérotés (nº 116).
On y joint le Prospectus de Publication avec spécimens de l'ouvrage.

204. **FRANCE** (Anatole). **Thaïs**. Compositions de Paul-Albert Laurens, gravures à l'eau-forte de Léon Boisson. *Paris, Librairie de la Collection des Dix. — A. Romagnol*, 1900, gr. in-8, br., couv. illust.

De la Collection des Dix.
Exemplaire sur PAPIER VÉLIN de cuve, contenant un état des illustrations texte, et deux états des illustrations hors texte.
On y joint le Prospectus de Publication.

205. **Furetière** (Antoine). Le Roman bourgeois, ouvrage comique, avec Notice et Notes, par M. Pierre Jannet. Ouvrage illustré par A. Robaudi. *Paris, Librairie illustrée, s. d.*, pet. in-8, nomb. illustrations dans le texte et hors texte, br., couv. imp. en couleurs.

206. **GAUTIER** (Théophile). Le **Capitaine Fracasse**, illustré de 60 dessins de Gustave Doré. *Paris, Charpentier*, 1866, gr. in-8, demi-rel. dos et coins de mar. grenat, dos orné, fil. sur les plats, non rog. (*Champs*).

Bel exemplaire de premier tirage des illustrations de Gustave Doré, absolument non rogné, avec couverture en toile rouge, fers spéciaux (de l'édition) et en plus une couverture de livraison.

207. **Gautier** (Théophile). Emaux et Camées. Cent-douze Dessins de Gustave Fraipont. préface par Maxime Du Camp. *Paris, L. Conquet*, 1887, in-16, pap. vél. du Marais.

On y joint 1º le Prospectus de Publication. — 2º Le Musée Secret.

208. **Gautier** (Théophile). Fortunio, Réimpression textuelle de l'édition originale. Vingt-quatre litgographies en couleurs, de A. Lunois. *Paris, Librairie des bibliophiles. — Librairie L. Conquet. — L. Carteret, Succ*r, 1898, in-4, br., couv.

L'un des **80** exemplaires numérotés sur PAPIER DE CHINE, contenant une double suite de lithographies en noir et en couleurs.
On y joint 1º La suite du tirage à part en noir sur Chine du premier état

des lithographies. — 2° Le Prospectus de Publication, avec 4 spécimens différents de gravures.

209. **Gautier** (Théophile). Jean et Jeannette, illustré de Vingt-quatre compositions par Ad. Lalauze, préface par Léo Claretie. *Paris, A. Ferroud*, 1894, in-8 raisin, br., couv.

L'un des **250** exemplaires tirés sur PAPIER VÉLIN d'Arches, avec les eaux-fortes avec la lettre. — Prospectus de l'édition, ajouté.

210. **GAUTIER** (Théophile). **Mademoiselle de Maupin.** — Double Amour. — Réimpression textuelle de l'édition originale (3 portraits, Th. Gautier, Albert et Mlle de Maupin et de 17 grandes compositions de G. Toudouze, gravées à l'eau-forte par Champollion). *Paris, L. Conquet. — G. Charpentier*, 1883, 2 vol. in-8, br., couv.

Tirage unique à 500 exemplaires numérotés (n° 300).
L'un des **350** sur papier vélin à la cuve, avec les planches refusées.
On y joint : 1° La suite des 10 compositions de V. A. Poirson, gravées à l'eau-forte par Taluet, tirées in-4 sur papier Whatman, épreuves avant la lettre. — 2° Une gravure « Conversation », composition de V. A. Poirson, gravée à l'eau-forte par Taluet, épreuve à l'état d'eau-forte pure, tirée in-4 sur deux papiers différents, Japon et Vergé. — 3° Une gravure « Entrée au Donjon ». Composition de V. A. Poirson, gravée à l'eau-forte par E. Glodinon, tirée in-8, sur papier de Hollande, avant la lettre (Très rare).

211. **Gautier** (Théophile). Militona. Un portrait et dix compositions de Adrien Moreau, gravés par A. Lamotte. *Paris, L. Conquet*, 1887, in-8 écu, br., couv.

Tiré à 500 exemplaires numérotés (n° 310).
L'un des **350** sur petit papier vélin du Marais, avec le Prospectus de l'édition ajouté.

212. **Gautier** (Théophile). La Mille et deuxième Nuit, illustrée de Neuf compositions par Ad. Lalauze, préface par L. Gastine. *Paris, A. Ferroud*, 1898, in-8 raisin, br., couv.

L'un des **340** exemplaires tirés sur papier vélin d'Arches, avec les eaux-fortes avec la lettre — Prospectus de l'édition, ajouté.

213. **Gautier** (Théophile). Une Nuit de Cléopatre, illustrée de Vingt-et-une compositions par Paul Avril, préface par Anatole France. *Paris, A. Ferroud*, 1894, in-8 raisin, br., couv. illust.

L'un des **250** exemplaires tirés sur papier vélin d'Arches, avec les eaux-fortes avec la lettre. — Prospectus de l'édition, ajouté.

214. **Gautier** (Théophile). Omphale, histoire rococo. Illustrations de Ad. Lalauze, préface par A. de Claye. *Paris, A. Ferroud*, 1896, in-12, br., couv.

Tiré à 300 exemplaires numérotés (n° 205).
L'un des **200** sur papier vélin d'Arches avec les eaux-fortes avec la lettre — On y joint le Prospectus de Publication.

215. **Gautier** (Théophile). Le Petit Chien de la Marquise, préface par Maurice Tourneux. Vingt-et-un dessins de Louis Morin. *Paris, L. Conquet*, 1893, in-12, br., couv. impr. en couleurs.

Tiré à 500 exemplaires numérotés (n° 179).
L'un des **350** sur papier vélin teinté (dessins en noir). On y joint le Prospectus de Publication.

216. **Gautier** (Théophile). Le Roi Candaule, illustré de vingt et une compositions par Paul Avril, préface par Anatole France. *Paris, A. Ferroud*, 1893, in-8 raisin, br., couv. illust.

L'un des **250** exemplaires tirés sur papier vélin d'Arches, avec les eaux-fortes, avec la lettre.

217. **Gérard de Nerval**. La Main enchantée. Préface de Jules de Marthold, illustré d'un portrait et de 24 compositions par Marcel Pille, gravées au burin et à l'eau-forte par Le Sueur et Manesse. *Paris, Librairie L. Conquet. L. Carteret et Cie, Succrs*, 1901, in-12, br., couv.

Tiré à 400 exemplaires numérotés (n° 212).
L'un des **200** sur papier vélin du Marais (avec un seul état des planches), avec le prospectus.

218. **Gérard de Nerval.** Sylvie, souvenirs du Valois, préface par Ludovic Halévy. 42 compositions dessinées et gravées à l'eau-forte par Ed. Rudaux. *Paris, L. Conquet*, 1886, in-16, pet. pap. vél. du Marais, br., couv.

On y joint le Prospectus de Publication.

219. **Gerbault** (Henry). Ach'tez-moi, joli blond ! Contenant 100 Dessins, préface de Charles Mougel. *Paris, H. Simonis Empis*, 1900, pet. in-8 carré, br., couv. impr. en couleurs.

Edition originale, avec la couverture.
L'un des **50** exemplaires tirés sur **papier de Chine** (n° 6), avec la signature de l'auteur.

220. **Gœthe.** Faust, tragédie. Traduction d'Albert Stapfer, avec une préface par P. Stapfer. Dessins de J.-P. Laurens, gravés par Champollion. *Paris, Librairie des bibliophiles*, 1885, in-8, br., couv.

L'un des **25** exemplaires numérotés sur PAPIER WHATMAN, contenant double épreuve des gravures (*avant* et *avec* la lettre).

221. **Goncourt** (E. et J. de). L'Italie d'Hier, notes de voyages (1855-1856). Entremêlées des croquis de Jules de Goncourt, jetés sur le carnet de voyage. *Paris, L. Conquet*, 1894, in-8 raisin, br., couv.

Tirage de luxe à 350 exemplaires, texte réimposé, augmenté de cinq aquarelles reproduites en couleurs.
L'un des **200** sur papier vélin.

222. **Goncourt** (E. et J. de). Renée Mauperin. Edition ornée de dix compositions à l'eau-forte par James Tissot. *Paris, Charpentier et Cie*, 1884, in-8 jésus, br., couv.

Tiré à 550 exemplaires numérotés (n° 458).
L'un des **450** sur papier de **Hollande**, avec les épreuves des eaux-fortes sur papier de Hollande, et revêtus du timbre de l'artiste.

223. **Goncourt** (Edmond de). La **Fille Elisa**. Compositions et eaux-fortes originales de Georges Jeanniot. *Paris, E. Testard*, 1895, in-8 raisin, br., couv. impr. en couleurs.

De la Collection des Dix.
L'un des **50** exemplaires numérotés sur PAPIER VÉLIN à la cuve, avec une double suite des eaux-fortes.
On y joint : 1° Le tirage à part sur Chine des illustrations du texte. — 2° Le tirage à part sur Japon de la composition en couleurs de la couverture. — 3° Une planche refusée. — 4° Un frontispice supplémentaire. — 5° Le Prospectus de Publication.

224. **Grand-Carteret** (J.). Les Mœurs et la Caricature en Allemagne, en Autriche, en Suisse, avec préface de Champfleury. *Paris, L. Westhausser*, 1885, gr. in-8, br., couv. illust.

Ouvrage illustré de 3 planches en couleur, de 20 planches hors texte, de 314 vignettes de portraits et titres de journaux.

225. **Grand-Carteret** (J.). Les Mœurs et la Caricature en France. *Paris, Librairie illustrée, s. d.*, gr. in-8, br., couv. illust.

Ouvrage orné de 8 planches en couleur, 36 planches hors texte, 500 illustrations dans le texte (Reproduction d'œuvres anciennes et œuvres originales des artistes).

226. **Halévy** (Ludovic). L'Abbé Constantin, illustré par Mme Madeleine Lemaire. *Paris, Boussod, Valadon et Cie*, 1887, in-4, br., couv.

Exemplaire sur papier vélin avec les planches tirées en noir, et auquel on a joint le Prospectus illustré de Publication.

227. **Halévy** (Ludovic). La Famille Cardinal. Edition illustrée de 1 frontispice et 8 vignettes dessinés par E. Mas et gravés par J. Massard. *Paris, Calmann Lévy (pour L. Conquet)*, 1883, pet. in-8, br., couv.

L'un des 200 exemplaires tirés sur papier vergé du Marais (N° 21), avec les vignettes imprimées dans le texte.

On y joint : 1° Le **tirage à part** des gravures tirées sur **Chine** volant. — 2° La couverture du Livre.

228. **Halévy** (Ludovic). Karikari, illustré de 16 aquarelles d'après Henriot. *Paris, L. Conquet*, 1887, in-16, br., couv. impr. en couleurs.

Tiré à 300 exemplaires sur PAPIER DU JAPON et non mis dans le commerce.

229. **Halévy** (Ludovic). Mariette. Quarante compositions de Henry Somm. *Paris, L. Conquet*, 1893, in-8, encadrements symphoniques différents à chaque page, br., couv.

Tiré à 400 exemplaires numérotés (n° 306).

L'un des **250** sur papier vélin teinté, avec les encadrements tirés en bistre.

230. **Halévy** (Ludovic). Notes et Souvenirs (de mai à décembre 1871). *Paris, Boussod, Valadon et Cie*, 1888, in-4, illustré de 22 photogravures dans le texte et hors texte, br., couv.

Cette édition originale a été tirée uniquement sur **papier du Japon** à **200** exemplaires numérotés (n° 75), dont 150 seulement mis dans le commerce.

231. **Halévy** (Ludovic). Princesse! Illustrations par L. Morin et Mme Chennevière. *Paris, Boussod, Valadon et Cie*, 1886, in-4, illustré de 50 dessins dans le texte et de 5 photogravures hors texte, br., couv.

Edition originale, avec la couverture.

Tiré à **50** exemplaires numérotés (n° 15), dont 30 mis dans le commerce.

232. **Halévy** (Ludovic). Récits de guerre. L'Invasion (1870-1871). Dessins par L. Marchetti et Alfred Paris. *Paris, Boussod, Valadon et Cie, s. d.*, 1 tome en 4 livrais. in-4, cou-

vertures impr. en couleurs, dans un cartonn. illust. de l'éditeur.

Ouvrage illustré de 183 typogravures, dont 1 frontispice et 20 hors texte en couleurs, et 142 hors texte et dans le texte en noir.

233. **Halévy** (Ludovic). Trois coups de foudre. Dix dessins de Kauffmann, gravés par T. De Mare. *Paris, L Conquet*, 1886, in-16, pap. vergé du Marais, br., couv.

234. **Hamilton** (Antoine). Mémoires du Comte de Grammont. Un portrait de A. Hamilton, et Trente-trois compositions de C. Delort, gravés au burin et à l'eau-forte par L. Boisson, préface de H. Gausseron. *Paris, L. Conquet*, 1888, gr. in-8, br., couv. illust.

L'un des **50** exemplaires tirés sur PAPIER VÉLIN du Marais, avec un état des planches (noms des artistes à la pointe sèche).
On y joint le Prospectus illustré de Publication.

235. **HENNIQUE** (Léon). La **Mort du Duc d'Enghien** en trois tableaux. Cnmpositions de Julien Le Blant, eaux-fortes de Louis Muller. *Paris, E. Testard*, 1895, in-8, br., couv. illust.

De la Collection des Dix.
L'un des **50** exemplaires numérotés sur PAPIER VÉLIN de cuve, avec une double suite des eaux-fortes.
On y joint : 1° Le tirage à part sur Japon des illustrations du texte. — 2° Le Prospectus de Publication sur deux papiers différents Chine et Vélin de cuve.

236. **Hennique** (Léon) et J.-K. **Huysmans.** Pierrot Sceptique, pantomime. Dessins de Jules Chéret. *Paris, E. Roureyre*, 1881, plaq. in-8, br., couv. illust.

Tiré à 312 exemplaires numérotés (n° 65).
L'un des **260** sur papier **Seychall Mill**.

237. **Henriot.** L'Année Parisienne. Texte et Dessins par Henriot *Paris, L. Conquet*, 1894, in-16, br., couv. impr. en couleurs.

Edition tirée à 300 exemplaires non mis dans le commerce.

238. **Henriot**. Napoléon aux Enfers. Illustrations par l'auteur. *Paris, L. Conquet*, 1895, in-16, br., couv. impr. en couleurs.

Exemplaire sur papier vélin teinté non mis dans le commerce.

239. **Heptaméron** des Nouvelles de très haute et très illustre princesse Marguerite d'Angoulême, reine de Navarre. Edition des bibliophiles, publiée sur les manuscrits par les soins et avec les notes de MM. Le Roux de Lincy et Anatole de Montaiglon. *Paris, A. Eudes*, 1880, 4 tomes en 8 vol. in-8, portr., fig. d'après Freudenberg, front., en-têtes et fleurons d'après Dunker, br., couv.

L'un des **40** exemplaires tirés sur PAPIER WHATMAN, avec trois suites des gravures hors texte, en *noir* sur Japon, en *bistre* et en *sanguine* sur Whatman.

On y joint la suite des gravures hors texte, tirées sur papier vergé de Hollande, en feuilles, dans un carton.

240. **Hervieu** (Paul). Flirt, illustré par Mme Madeleine Lemaire. *Paris, Boussod, Valadon et Cie*, 1890, in-4, illustré de 36 planches en photogravure, dont 18 hors texte, br., couv.

Exemplaire tiré sur papier vélin. Planches imprimées en noir. On y joint le Prospectus de Publication et un extrait du Catalogue des Éditeurs.

241. **HISTOIRE DES QUATRE FILS AYMON** très nobles et très vaillans Chevaliers. Illustré de compositions en couleurs par Eugène Grasset, introduction et notes par Charles Marcilly. *Paris, H. Launette*, 1883, in-4, pap. vél. teinté, br., couv. impr. en couleurs.

On y joint : 1° le Prospectus de Publication. — 2° Un Spécimen de 4 pages de l'ouvrage (tiré sur Japon). — 3° la couverture du livre, non illustrée, tirée du format gr. in-4.

242. **Horace**. Œuvres. Traduction en vers, avec le texte latin par le comte Siméon. *Paris, Librairie des bibliophiles*, 1873-1874, 3 vol. in-8 écu, pap. de Holl., titre r. et n., portr.-front., nombr. vign. en-têtes à l'eau-forte, par Chauvet, br., couv.

On y joint le **tirage à part** des gravures sur Hollande **avant la lettre**.

243. **HUGO** (Victor). **Notre-Dame de Paris**. Illustrations de Luc-Olivier Merson. *Paris, A. Ferroud*, 1889, 2 vol. in-4, br., couv.

L'un des **50** exemplaires tirés sur PAPIER VERGÉ (n° VIII) contenant **2** ÉTATS des grandes compositions hors texte *avant* et *avec* la lettre, et une double suite de toutes les gravures de texte.

On y joint le Prospectus de Publication.

244. **Hugo** (Victor). Hernani, drame en cinq actes. Un portrait d'après Devéria, et quinze compositions de Michelena, gravées à l'eau-forte par Boisson. *Paris, L. Conquet*, 1890, gr. in-8, br., couv.

Tiré à 500 exemplaires numérotés (n° 263).
L'un des 350 sur papier vélin du Marais.

245. **Hugo** (Victor). Ruy Blas, drame en cinq actes. Un portrait et Quinze compositions de Adrien Moreau, gravés à l'eau-forte par Champollion. *Paris, L. Conquet*, 1889, gr. in-8, br., couv.

Tiré à 500 exemplaires numérotés (n° 328).
L'un des 350 sur papier vélin du Marais, auquel on a joint le Prospectus de Publication.

246. **Jundt** (Gustave). Les Cigognes. Légende Rhénane, rêvée et dessinée par Gustave Jundt. Racontée aux tout petits par Alphonse Daudet. *Paris, E. Giraud et Cie, s. d.*, in-4, texte encadré de fil. r., br., couv. illust.

247. **Karr** (A.). L'Esprit d'Alphonse Karr. Pensées extraites de ses œuvres. *Paris, Calmann Lévy*, 1891, in-8, portr. et gravures hors texte, br., couv.

Edition spéciale tirée à **125** exemplaires sur papier vergé.

248. **Lacroix** (Paul) (Bibliophile Jacob). Ma République, précédée d'un à-propos de l'auteur. Sept eaux-fortes originales de Ed. Rudaux. *Paris, Librairie L. Conquet. — L. Carteret et Cie, succ*[rs], 1902, pet. in-8, pap. vél. blanc, br., couv.

Édition non mise dans le commerce.

249. **La Fayette** (Mme de). La Princesse de Clèves, préface par Anatole France. Un portrait et 12 compositions de Jules Garnier, gravés par A. Lamotte. *Paris, L. Conquet*, 1889, in-8 écu, br., couv.

Tiré à 500 exemplaires numérotés (n° 243).
L'un des 350 sur papier vélin du Marais, avec le Prospectus de l'édition, ajouté.

250. **Lazarille de Tormès** (Vie de). Traduction nouvelle et Préface de A. Morel-Fatio. Nombreuses illustrations et eaux-fortes de Maurice Leloir. *Paris, H. Launette et Cie*, 1886, in-8, pap. vél. à la cuve, br., couv.

On y joint le Prospectus de l'édition.

251. **Legouvé** (G.). Le Mérite des Femmes, suivi des notes de l'auteur, avec une Préface par E. Legouvé, et des extraits de son Histoire morale des Femmes. Frontispice gravé par Lalauze. *Paris, Librairie des bibliophiles*, 1881. in-16, br., couv.

L'un des **20** exemplaires tirés sur PAPIER WHATMAN, avec triple épreuve du frontispice.

252. **LEMAITRE** (Jules). **Contes Blancs.** — La Cloche. — La Chapelle blanche. — Mariage blanc. — Illustrations à l'aquarelle, page à page, par Mlle Blanche Odin. 72 compositions, épousant le texte. *Paris, Imprimé pour les Bibliophiles indépendants*, 1900, pet. in-4, br., couv.

Cette édition des « Contes Blancs » spécialement publiée par Octave Uzanne pour les Bibliophiles Indépendants et qui ne sera jamais réimprimée, a été tirée pour les Souscripteurs à deux cents exemplaires, plus dix exemplaires réservés à l'Auteur, à l'Editeur, à l'Illustrateur et aux Collaborateurs.

On y joint le Prospectus de Publication.

253. **Le Sage**. Histoire de Gil Blas de Santillane. Réimpression de l'édition de 1747, précédée d'une Introduction par F. Sarcey, et ornée d'un portrait de l'auteur d'après Guélard. *Paris, Librairie des bibliophiles*, 1873, 2 vol. in-8, br., couv.

Exemplaire tiré sur PAPIER WHATMAN auquel on a joint :

1° La suite des 21 estampes dessinées et gravées à l'eau-forte par Ad. Lalauze, épreuves de choix avant lettre, imprimées sur **papier du Japon**, tirage à **200** exempl. (n° 47).

2° La suite des 16 eaux fortes d'Henri Pille. **Avant lettre** sur **Chine**.

3° La même suite tirée en sanguine, épreuves sur **Whatman avant lettre**

254. **Lettres** (Les) et les **Arts**. Revue illustrée, deuxième année (Juin 1887). *Paris, Boussod, Valadon et Cie*, 1887, in-4, nomb. fig. dans le texte et planches hors texte, br., couv.

255. **Livre** (Le) et l'**Image**. Revue documentaire illustrée mensuelle. Directeur Littéraire : J. Grand-Carteret. — Directeur-Gérant : Emile Rondeau (de l'origine Mars 1893 à Juin 1894). *Paris, E. Rondeau*, 1893-1894, 3 vol. pet. in-4, nomb. fig. dans le texte et planches hors texte en noir et en couleurs, en livraisons, couv.

256. **Longus.** Daphnis et Chloé. Compositions de Raphaël Collin, gravées à l'eau-forte par Champollion, préface de Jules Claretie. *Paris, H. Launette et Cie. — G. Boudet, succr*, 1890, in-8 raisin, pap. vél. de cuve, titre r. et n., br., couv.

On y joint le Prospectus de Publication.

257. **Longus.** Daphnis et Chloé. Traduction de P.-L. Courier. Compositions dessinées et gravées à l'eau-forte par P. Avril. *Paris, L. Conquet*, 1898, in-16, br., couv.

L'un des 300 exemplaires sur papier vélin teinté des Papeteries du Marais, contenant un état des eaux-fortes (non mis dans le commerce).

258. **Loti** (Pierre). La Chanson des Vieux Epoux. Aquarelles d'après Henry Somm. *Paris, Librairie L. Conquet. — L. Carteret et Cie, succrs*, 1899, in-16, br.

Edition originale, avec la couverture imprimée en couleurs.
Tiré à **300** exemplaires sur **papier du Japon,** non mis dans le commerce.

259. **Loti** (Pierre). Pêcheur d'Islande, roman. *Paris, Calmann Lévy*, 1886, in-8, br., couv.

Edition originale, publiée par Calmann Lévy en 1886, illustrée d'un portrait et huit compositions de P. Jazet, gravés à l'eau-forte par G. Manchon (pub. par L. Conquet).
L'un des **235** exemplaires tirés sur **papier de Hollande** (nº 107).

260. **Loti** (Pierre). Pêcheur d'Islande. Compositions et Eaux-fortes de E. Rudaux, gravures sur bois de J. Huyot. *Paris, Calmann Lévy*, 1893, gr. in-8, br., couv.

L'un des **50** exemplaires tirés sur PAPIER VÉLIN de cuve, contenant une suite d'eaux-fortes, état terminé avec remarque, et une suite avec la lettre.

261. **Louys** (Pierre). Byblis. Compositions en couleurs de Henri Caruchet, préface par Gilbert de Voisins. *Paris, A. Ferroud*, 1901, in-8 raisin, br., couv. impr. en couleurs.

Tiré à 300 exemplaires numérotés (nº 115).
L'un des 200 sur papier vélin d'Arches.

262. **Maindron** (Ernest). Les Affiches illustrées (1886-1895). Ouvrage orné de 64 lithographies en couleur et de 102 reproductions en noir et en couleur, d'après les affiches originales des meilleurs artistes. *Paris, G. Boudet*, 1896, in-4, br., couv. impr. en couleurs.

Exemplaire tiré sur papier vélin, auquel on a joint le Prospectus de Publication.

263. — **Les Affiches Étrangères illustrées**, par MM. M. Bauwens, T. Hayashi, La Forgue, Meier Graefe, J. Pennell. Ouvrage orné de 62 lithographies en couleurs et de 150 reproductions en noir et en couleurs, d'après les affiches originales des meilleurs artistes. *Paris, G. Boudet*, 1897, in-4, br., couv. impr. en couleurs.

Exemplaire tiré sur papier vélin, auquel on a joint le Prospectus de Publication.

264. **Maîtres de l'Affiche** (Les). Publication mensuelle contenant la reproduction en couleurs des plus belles Affiches illustrées des grands artistes, français et étrangers, éditée par l'Imprimerie Chaix. *Paris*, 1896-1897-1898-1899-1900, 5 vol. gr. in-4, en livraisons avec leurs couvertures, emboitages (4).

N° 1 Décembre 1895 à Novembre 1900.

265. **Maistre** (Xavier de). Les Prisonniers du Caucase. Neuf compositions de Julien Le Blant, gravées à l'eau-forte par Louis Muller. *Paris, A. Ferroud*, 1897, in-8 raisin. br., couv. illust.

Tiré à 500 exemplaires numérotés (n° 189).
L'un des 350 sur papier velin d'Arches. — On y joint le Prospectus de Publication.

266. **Maistre** (Xavier de). Voyage autour de ma chambre, suivi de l'Expédition nocturne. Préface par Jules Claretie. Six eaux-fortes par Hédouin. *Paris, Librairie des bibliophiles*, 1877, in-16, pap. de Holl., br., couv.

267. **Maréchal** (Mlle Marie). La Dette de Ben-Aïssa. Ouvrage illustré de 20 vignettes par Bertall. *Paris, Hachette et Cie*, 1876, in-12, br., couv.

De la Bibliothèque rose illustrée.
L'un des quelques exemplaires tirés sur PAPIER DE CHINE.

268. **Marguerite de Valois**. Les Sept Journées de la reine de Navarre, suivies de la huitième (Edition de Claude Gruget, 1559), notice et notes par Paul Lacroix, index et glossaire. Planches à l'eau-forte par Flameng. *Paris, Librairie des bibliophiles*, 1872, 4 tomes en 8 fasc. in-8, br., couv.

Tiré à 120 exemplaires numérotés (n° 67).
L'un des 100 sur papier de Hollande.

269. **Masson** (Frédéric). 1792-1809. Aventures de Guerre. Souvenirs et récits de soldats, recueillis et publiés par Frédéric Masson, illustrés par F. de Myrbach. *Paris, Boussod, Valadon et Cie, s. d.* (1894), in-4, br., couv. impr. en couleurs.

Ouvrage illustré de 100 typogravures en couleurs.

270. **MASSON** (Frédéric). Cavaliers de Napoléon, illustrations d'après les tableaux et aquarelles de Edouard Detaille. *Paris, Boussod, Valadon et Cie, s. d.* (1895), in-4, illustré de 1 frontispice en couleurs, 31 planches en photogravure, dont 21 hors texte, br., couv.

Exemplaire tiré sur PAPIER VÉLIN. Planches imprimées en noir. On y joint le Prospectus de Publication.

271. **Masson** (Frédéric). Joséphine, Impératrice et Reine, illustrations d'après des documents comtemporains. *Paris, J. Boussod, Manzi, Joyant et Cie*, 1899, in-4, pap. vél. illustré de 1 portrait-frontispice fac-similé en couleurs et de 41 planches en photogravure, dont 33 hors texte, br., couv.

272. **Masson** (Frédéric). L'Impératrice Marie-Louise, illustrations d'après des documents contemporains. *Paris, Manzi, Joyant et Cie*, 1902, in-4, br. couv.

Exemplaire tiré sur papier de Rives. Planches imprimées en camaïeux divers. Frontispice en couleurs.

273. **Masson** (Frédéric). Napoléon chez lui. La Journée de l'Empereur aux Tuileries. Illustrations par F. de Myrbach. *Paris, Dentu, s. d.* (1894), in-8, br., couv.

274. **MAUPASSANT** (Guy de). **Boule de Suif**. Compositions de François Thévenot, gravures sur bois de A. Romagnol. *Paris, A. Magnier*, 1897, in-8 raisin, br., couv. impr. en couleurs.

De la Collection des Dix.

L'un des **50** exemplaires numérotés sur PAPIER VÉLIN de cuve, contenant une double suite des hors texte.

On y joint : 1° La composition en couleurs de la couverture. — 2° Un frontispice supplémentaire. — 3° Le Prospectus de Publication.

275. **Maupassant** (Guy de). Clair de Lune. Illustrations de : Arcos, Boutet de Monvel, Gambard, Grasset, Jeanniot, Adrien Marie, Mars, Merwarth, Myrbach, Renouard, Rochegrosse,

Tirado. *Paris, Ed. Monnier*, 1884, gr. in-8, pap. vél. teinté, titre r. et n., br., couv. illust.

Exemplaire de premier tirage, avec la couverture.

276. **MAUPASSANT** (Guy de). **Contes choisis.** Illustrations de MM. G. Jeanniot, G. Scott, F. Gueldry, P. Vidal, Évert, van Muyden, P. Gervais, P. Avril, A. Gérardin et Ch. Morel. *Paris, Imprimé aux frais et pour les Sociétaires de l'Académie des Beaux-Livres*, 1891-1892, 10 plaq. gr. in-8, br., couv., renfermées dans une boîte rel. en mar. rouge, ornementation de filets, 5 sur le dos, 5 sur les plats et 3 int., tr. dor.

Le Loup. — Hautot père et fils. — Allouma. — Mouche. — La Maison Tellier. — Un Soir. — Le Champ d'Oliviers. — Mademoiselle Fifi. — L'Epave. Une Partie de Campagne.

Edition tirée à très petit nombre, pour les membres de la Société, non mise dans le commerce.

277. **Maupassant** (Guy de). Contes Choisis, illustrés de 118 dessins de G. Jeanniot. *Paris, Librairie illustree, s. d.*, in-8, pap. vél., titre r. et noir, avec les planches hors texte tirées sur Chine volant avec la lettre, br., couv. illust.

On y joint : Un Frontispice dessiné et gravé à l'eau-forte par Ch. Pinet, épreuves en 4 états, en *noir* avant la lettre ; en *bistre*, en *bleu*, en *vert* avec la lettre (Tiré à 25 exemplaires numérotés sur papier du Japon (n° 23) cuivre brisé) Très rare.

278. **Maupassant** (Guy de). Les Dimanches d'un Bourgeois de Paris. Dessins de Geo. Dupuis, gravures sur bois de G. Lemoine. *Paris, Société d'Éditions littéraires et artistiques, Librairie P. Ollendorff*, 1901, in-12, br., couv. impr. en couleurs.

279. **Maupassant** (Guy de). Pierre et Jean, illustré par Ernest Duez et Albert Lynch. *Paris, Boussod, Valadon et Cie*, 1888, in-4, illustré de 36 planches en photogravure, dont 18 hors texte, br., couv.

Exemplaire tiré sur papier vélin, Planches imprimées en noir.

280. **Maupassant** (Guy de). Le Rosier de Mme Husson. Illustrations par Hobert Dys, eaux-fortes de E. Abot, d'après Despres. *Paris, Quantin*, 1888, pet. in-4, avec aquarelles d'Habert Dys à toutes les pages, br., couv. illust.

Exemplaire tiré sur papier vélin du Marais.

281. **Mérimée** (Prosper). Carmen. Edition illustrée de 1 frontispice et 8 vignettes dessinés par S. Arcos et gravés par A. Nargeot. *Paris, Calmann Lévy (pour L. Conquet)*, 1884, pet. in-8, br., couv.

L'un des **225** exemplaires tirés sur PAPIER VÉLIN à la cuve du Marais (n° 173), avec les vignettes tirées dans le texte.

On y joint la suite des gravures en 2 états, sur papier vélin blanc et sur Hollande (épreuves avant la lettre).

282. **Mérimée** (Prosper). La Chambre Bleue. Nouvelle dédiée à Madame de la Rhune. Une couverture illustrée et Soixante-et-une aquarelles d'après Eug. Courboin. *Paris, Librairie L. Conquet. — L. Carteret et Cie, succrs*, 1902, gr. in-8, br., couv. impr. en couleurs.

Tiré à 300 exemplaires numérotés (n° 121).
L'un des **250** sur PAPIER WHATMAN.

283. **Mérimée** (Prosper). Colomba. Illustrations de Gaston Vuillier. *Paris, Calmann Lévy*, 1897, pet. in-8 carré, br., couv. illust.

L'un des **100** exemplaires tirés sur PAPIER DE CHINE (n° 66).

284. **Michelet** (J.). L'Insecte. Nouvelle édition, illustrée de 140 vignettes sur bois, dessinées par H. Giacomelli. *Paris, Hachette et Cie*, 1876, gr. in-8, titre r. et n., texte encadré de fil. noirs, br., couv.

Première édition illustrée, couverture conservée.

285. **Michelet** (J.). L'Oiseau. Huitième édition, illustrée de 210 vignettes sur bois, dessinées par H. Giacomelli. *Paris, Hachette et Cie*, 1867, in-4, pap. vél. teinté, titre r. et n., texte encadré de fil. noirs, br., couv.

Exemplaire de premier tirage.

286. **Michelet** (J.). Thérèse et Marianne, souvenirs de jeunesse. Onze eaux-fortes originales de V. Foulquier. *Paris, L. Conquet*, 1891, in-16, br., couv.

Tiré à 400 exemplaires numérotés (n° 308).
L'un des 250 sur papier vergé du Marais. — On y joint le Prospectus de Publication.

287. **Mille et un Jours** (Les). Contes persans, turcs et chinois, traduits par Petit de la Croix, Cardonne, Caylus, etc., aug-

mentés de nouveaux contes traduits de l'arabe, par M. Sainte-Croix-Ajpot. Edition illustrée. *Paris, Pourrat frères, s. d.*, gr. in-8, nombr. vignettes dans le texte, br., couv. illust. (*Taches de rousseur*).

288. **Mistral** (Frédéric). Mireille, poème provençal. Traduction française de l'auteur accompagné du texte original, avec 25 eaux-fortes dessinées et gravées par Eugène Burnand, et 53 dessins du même artiste reproduits par le procédé Gillot. *Paris, Hachette et Cie*, 1884, gr. in-4, pap. vél., titre r. et n., texte encadré de fil. r., br., couv.

289. **MOLIÈRE** Œuvres complètes, ornées de Compositions inédites, par Jacques Leman. Réimpression textuelle sur les éditions originales, avec notices, par Anatole de Montaiglon. *Paris, J. Lemonnyer, E. Testard et Cie*, 1882-1896, 32 fascicules, in-4, br., couv.

L'un des **75** exemplaires tirés sur PAPIER DE CHINE, avec une deuxième suite des 33 grandes compositions hors texte, tirées en bistre.

On y joint le Prospectus de Publication.

290. **Montorgueil** (Georges). La Cantinière (1789-1815). France, son Histoire. Imagée par Job. *Paris, Charavay, Mantoux, Martin, s. d.*, gr. in-4, illustrations en couleurs, en feuilles, dans un carton illust. de l'éditeur.

291. **Montorgueil** (Georges). France, son Histoire jusqu'en 1789. Racontée par G. Montorgueil. Imagée par Job. *Paris, Charavay, Mantoux, Martin, s. d.*, gr. in-4, illustrations en couleurs, br., couv., dans un emboitage artistique, de l'éditeur.

292. **Montorgueil** (Georges). La Parisienne peinte par elle-même. Vingt-et-une pointes sèches tirées hors texte, et Quarante-et-une compositions par Henry Somm. *Paris, L. Conquet*, 1897, in-8 raisin, br., couv.

Tirage unique à **150** exemplaires sur **papier de Hollande** (n° 79)

293. **Montorgueil** (Feorges). Les Trois Couleurs. France, son Histoire. Imagé par Job. *Paris, Charavay, Martin, s. d.*, gr. in-4, illustrations en couleurs, en feuilles, couv. impr., dans un carton artistique, de l'éditeur.

294. **MONTORGUEIL** (Georges). La **Vie des Boulevards**. Madeleine-Bastille, illustré de 200 Dessins en couleurs par Pierre Vidal. *Paris, Librairies-Imprimeries réunies, May et Motteroz*, 1896, gr. in-8, br., couv.

L'un des **100** exemplaires imprimés sur PAPIER DU JAPON pour la librairie L. Conquet, avec la couverture en 3 états.
On y joint le Prospectus illustré de la Publication.

295. **Montorgueil** (Georges). La Vie des Boulevards. Madeleine-Bastille. 200 Dessins en couleurs par Pierre Vidal. *Paris, Librairies-Imprimeries réunies, May et Motteroz*, 1896, gr. in-8, pap. vél., titre r. et n., br., couv. impr. en couleurs.

296. **Montorgueil** (Georges) et **Job**. La Tour d'Auvergne, Premier Grenadier de France. *Paris, Ancienne librairie Furne, Combet et Cie, éditeurs*, 1902, gr. in-4, en feuilles, couv. impr. en couleurs, dans un carton artistique, de l'éditeur.

Ouvrage illustré de chromotypogravures de Cueille et Bouché.

297. **Moreau** (Hégésippe). Le Myosotis, petits contes et petits vers. Nouvelle édition, illustrée de Cent trente-quatre compositions de Robaudi, gravées sur bois par Clément Bellenger, préface par André Theuriet. *Paris, L. Conquet*, 1893, in-8, br., couv. illust.

Tiré à 500 exemplaires numérotés (n° 224).
L'un des **350** sur **papier vélin** du Marais, auquel on a joint le Prospectus de Publication.

298. **Morin** (Louis). Carnavals Parisiens — Bals des Quat-z-Arts — Vache enragée — Bals du Courrier — Bœufs gras — Cortèges des Etudiants — Cortèges du Moulin Rouge. *Paris, Montgredien et Cie, s. d.*, in-12, en feuilles, couv. impr. en couleurs.

Edition originale, avec la couverture.
L'un des **100** exemplaires tirés sur PAPIER DU JAPON, numérotés et signés par l'auteur, avec deux couvertures différentes.

299. **Morin** (Louis). Les Cousettes. Physiologie des Couturières de Paris. Vingt-et-une compositions dessinées et gravées à

la pointe sèche par Henri Somm. *Paris, L. Conquet*, 1895, in-8, br., couv.

Tirage unique à **100** exemplaires numérotés sur PAPIER DU JAPON à la forme (n° 50).

300. **Morin** (Louis). Les Dimanches Parisiens, notes d'un décadent. Quarante-et-une eaux-fortes originales de A. Lepère. *Paris, L. Conquet*, 1898, in-8 raisin, br., couv.

Tirage unique à **250** exemplaires numérotés sur PAPIER VÉLIN du Marais (n° 123) auquel on a joint la suite des tirages à part et les planches refusées.

301. **Morin** (Louis). Histoires d'autrefois. — Jeannik, 87 dessins de l'auteur. — Le Cabaret du Puits-sans-Vin, 95 dessins de l'auteur. — Les Amours de Gilles, 178 dessins de l'auteur. *Paris, Librairie illustrée — E. Kolb*, 1885, 3 vol. pet. in-8, fig. en noir et en couleurs, br., couv. impr. en couleurs.

Éditions originales, avec les couvertures.
Exemplaires enrichis sur les faux-titres de **3** AQUARELLES ORIGINALES de LOUIS MORIN.

302. **Morin** (Louis). Revue des Quat' Saisons. *Paris, Société d'Éditions littéraires et artistiques. Librairie P. Ollendorff*, 1900, 4 vol. in-12, br., couv. impr. en couleurs.

L'un des **50** exemplaires tirés sur PAPIER VÉLIN (n° 26), contenant une suite complète des FUMÉS sur CHINE.

303. **Morin** (Louis). Vieille Idylle. Douze pointes sèches et Vingt ornements typographiques par l'auteur. *Paris, L. Conquet*, 1891, in-16, br., couv. impr. en couleurs.

L'un des **100** exemplaires tirés sur PAPIER DU JAPON (n° 54) auquel on a ajouté la suite des figures en tirages à part.

304. **Mouton** (Eugène). Histoire de l'Invalide à la Tête de Bois — Le Squelette homogène — Le Bœuf — Le Coq du Clocher. Illustrations de G. Clairin. *Paris, L. Baschet, s. d.*, in-4, pap. vél., titre r. et n., nombr. illustrations dans le texte et planches hors texte en noir et en couleurs, br., couv. impr. en couleurs et or.

305. **Muller** (Eugène). La Mionette. 28 compositions de O. Cortazzo, gravées à l'eau-forte par Abot et Clapès. *Paris, L. Conquet*, 1885, in-16, pap. vél. teinté, br., couv.

306. **Müller** (Eugène). Robinsonette, histoire d'une petite orpheline. Illustré de 22 vignettes dessinées sur bois par F. Lix. *Paris, Hachette et Cie*, 1874, in-12, br., couv.

De la Bibliothèque rose illustrée.
L'un des quelques exemplaires tirés sur PAPIER DE CHINE.

307. **Murger** (Henry). La Vie de Bohême, illustrée par And. Gill. *Paris, Librairie illustrée, s. d.*, gr. in-8, nomb. illustrations hors texte en couleurs, en livraisons.

Exemplaires avec les 2 couvertures de séries différentes, illustrées par Gill.

308. **Musset** (Alfred de). L'Anglais Mangeur d'Opium, Traduit de l'Anglais et augmenté par A. D. M. (Alfred de Musset), avec une notice par M. Arthur Heulhard. *Paris, Le Moniteur du bibliophile*, 1878, in-4, pap. vergé teinté, titre r. et n., br., couv.

309. **Musset** (Alfred de). La Confession d'un enfant du siècle. Avec Dix compositions de P. Jazet, gravées à l'eau-forte par E. Abot. *Paris, Librairies-Imprimeries réunies. May et Motteroz*, 1891, in-8 raisin, br., couv. impr. en couleurs et or.

Tiré à 620 exemplaires numérotés (nº 364).
L'un des 600 sur papier vergé de Hollande.

310. **Musset** (Alfred de). La Mouche, illustrée de Trente compositions par Ad. Lalauze, préface par Philippe Gille. *Paris, A. Ferroud*, 1892, in-8 raisin, br., couv.

L'un des 300 exemplaires tirés sur papier vélin d'Arches, avec les eaux-fortes avec la lettre. — Prospectus de l'édition, ajouté.

311. **Musset** (Alfred de). Nouvelles. — Les Deux Maitresses ; Emmeline ; Le Fils du Titien ; Frédéric et Bernerette ; Pierre et Camille. Nouvelle édition illustrée, de un portrait gravé par Burney, d'après une miniature de Marie Moulin, et de 15 compositions de F. Flameng et O. Cortazzo, gravées à l'eau-forte par Mordant et Lucas. *Paris, L. Conquet*, 1887, in-8, br., couv.

Tiré à 500 exemplaires numérotés (nº 262).
L'un des 350 sur petit papier vélin, auquel on a joint la Composition refusée pour Emmeline, dessinée par Flameng et gravée par Mordant.

312. **MUSSET** (Alfred de). **Œuvres complètes**, avec lettres inédites, variantes, notes, index, fac-simile, notice biogra-

phique par son frère. Edition du poète, ornée de 28 dessins de M. Bida et d'un portrait d'Alfred de Musset d'après l'original de M. Landelle, gravés sur acier sous la direction de M. Henriquel Dupont, par les premiers artistes. *Paris, Charpentier*, 1866, 10 vol. gr. in-8, br., couv.

Exemplaire sur papier de Hollande, avec les figures tirées sur papier de Chine, épreuves avant la lettre, avec les figures garanties par un papier de garde couleur lilas, avec légende.

On y joint : 1° Cinq portraits différents d'Alfred de Musset savoir : par Lami, gravé à l'eau-forte à la sanguine, par Legenisel, gr. in-4, sur papier de Hollande (très rare) ; — par Landelle 1854, gravé par Pollet, épreuve avant la lettre sur fond Chine, appliqué sur vélin, gr. in-4, par Ch. Landelle, gr. par Pollet, 1854, in-folio, — par Riffaut épreuve avant la lettre sur fond Chine, appliqué sur vélin in-4 ; — par Nargeot, épreuve en 2 états, avant la la lettre et avec remarque et signature de l'artiste au crayon, sur Hollande ; avant la lettre sur papier vélin teinté, tirés in-4. — 2° Un portrait in-4 en pied de George Sand (Salon de 1839), gravé par N. Desmadryl, d'après A. Charpentier, publié par l'Artiste. — 3° Six grav res diverses savoir : Don Paez, par Félicien Rops, épreuve tirée in-4, sur Hollande, avant la lettre (très rare) ; — Les Deux Maîtresses, par A. Nargeot, épreuve en bistre avec lettre, tirée gr. in-8, publiée par l'Artiste ; — Le Violon brisé, eau-forte, in-4 ; — Les Folies de Cardenio, portrait en pied, en couleurs, d'après M. Sand, gr. in-8 ; — Une gravure anglaise, gravée par Ch. Heath, d'après R. P. Bonington, in-8, épreuve avant la lettre. — Le Rhin Allemand, paroles de M. Alfred de Musset, musique de Mlle L. Puget, in-8, avec dessin sur le titre de Célestin Nanteuil.

313. **Musset** (Paul de). Le Dernier Abbé, illustré de dix-neuf compositions par Ad. Lalauze, préface par Anatole France. *Paris, A. Ferroud*, 1891, in-8 raisin, br., couv. illust.

L'un des 315 exemplaires tirés sur papier vélin d'Arches, avec un état des planches.

314. **Nodier** (Charles). Le Bibliomane. Vingt-quatre compositions de Maurice Leloir, gravées sur bois par F. Noël, préface de R. Vallery-Radot. *Paris, L. Conquet*, 1894, in-16, br., couv. impr. en couleurs.

Tiré à 500 exemplaires numérotés (n° 230).

L'un des 350 sur papier vélin du Marais, avec le prospectus de publication ajouté.

315. **NODIER** (Charles). Le Dernier Chapitre de mon Roman, préface de Maurice Tourneux. Nouvelle édition illustrée de trente-trois Compositions dans le texte dont plusieurs sont à double page, de Louis Morin. *Paris, L. Conquet*, 1895, in-8.

Illustrations tirées en deux teintes superposées et rehaussées à l'aquarelle par l'artiste, en feuilles, dans un cartonn. illust.

Tirage unique à **200** exemplaires numérotés sur PAPIER VÉLIN blanc à la forme du Marais (n° 179).

316. **Noël** (Edouard). Une Mélodie de Schubert. Dessins de Georges Cain, gravés par Deville. *Paris, L. Conquet*, 1888, in-16, br., couv.

Tiré à **125** exemplaires numérotés (n° 58).
L'un des 100 sur PAPIER VÉLIN blanc du Marais.

317. **Nogaret** (F.). L'Aristénète français. Edition illustrée de Cinquante compositions de Durand, gravées à l'eau-forte par E. Champollion. *Paris, L. Conquet*, 1897, 2 vol. in-16, br., couv.

Tiré à 150 exemplaires numérotés (n° 87).
L'un des **70** sur papier vélin du Marais, avec un état des planches.

318. **NOLHAC** (Pierre de). La **Dauphine Marie-Antoinette**, illustrations d'après les originaux contemporains. *Paris, Boussod, Valadon et Cie, s. d.* (1896), in-4, illustré de 1 portrait-frontispice, fac-similé en couleurs, 38 planches en photogravure, dont 28 hors texte, br., couv.

Exemplaire tiré sur papier vélin. Planches imprimées en noir.

319. **Nolhac** (Pierre de). Louis XV et Marie Leczinska, illustrations d'après les originaux contemporains. *Paris, Manzi, Joyant et Cie*, 1900, in-4, pap. vel., illustré de 1 portrait-frontispice fac-similé en couleurs et 48 planches photogravure en noir ou en camaïeux divers, br., couv.

320. **Palais Pompéïen** (Le) de l'Avenue Montaigne. Etudes sur la Maison gréco-romaine, ancienne résidence du prince Napoléon, par Théophile Gautier, Arsène Houssaye, Charles Coligny. *Paris, au Palais Pompéïen, s. d*, gr. in-8, de 32 pp., planche gr. à l'eau-forte par Laguillermie d'après Flameng, br., couv.

321. **Perrault**. Les Contes de Ch. Perrault, précédés d'une Préface par P.-L. Jacob, Bibliophile, et suivis de la Dissertation sur les Contes de Fées, par le baron Walckenaer. Douze

eaux-fortes par Lalauze. *Paris, Librairie des Bibliophiles*, 1876, 2 vol. in-8, br., couv.

Tiré à 200 exemplaires numérotés (n° 176).
L'un des **170** sur PAPIER DE HOLLANDE.

322. **Perrault**. Les Contes de Perrault, illustrés par E. Courboin, Fraipont, Geoffroy, Gerbault, Job, L. Morin, Robida, Vimar, Vogel, Zier, introduction par M. Gustave Larroumet, de l'Institut. *Paris, H. Laurens, s. d.*, in-4, br., couv. impr. en couleurs.

L'un des **55** exemplaires tirés sur PAPIER DU JAPON (n° 39), contenant une double suite des gravures réimprimées sur Chine.

323. **Perret** (Paul). Les Châteaux Historiques de la France, accompagné d'eaux-fortes, tirées à part et dans le texte, et gravées par nos principaux aquafortistes, sous la direction de M. Eugène Sadoux (Pau, Basses-Pyrénées). — Hautefort (Dordogne). *Paris, Oudin frères*, 1883, fasc. gr. in-4, fig., br., couv.

323 *bis*. **Perret** (Paul). Les Demoiselles de Liré, illustré en collaboration par Charles Delort et Maurice Leloir. *Paris, Boussod, Valadon et Cie, s. d.* (1893), in-4, illustré de 32 planches en photogravure, dont 16 hors texte, br., couv.

Exemplaire tiré sur papier vélin. Planches imprimées en noir. On y joint le Prospectus de Publication.

324. **Petite Lune** (La). Dessins d'André Gill. Année 1878-1879. 52 numéros en 1 vol. gr. in-8, br., couv. illust.

325. **Petits Conteurs du XVIIIe siècle**, publiés avec notices bio-bibliographiques, par Octave Uzanne. *Paris, Quantin*, 1878-1883, 12 vol. pet. in-8, portraits, en-têtes et culs-de-lampe à l'eau-forte, fac-similés d'autographe, br., couv.

Collection complète.
Contes de l'abbé de Voisenon. — Contes du chevalier de Boufflers. — Facéties du comte de Caylus. — Contes dialogués de Crébillon fils. — Contes d'Augustin de Moncrif. — Contes du chevalier de La Morlière. — Contes de Duclos. — Contes de Cazotte. — Contes de Restif de La Bretonne. — Contes du baron de Besenval. — Contes de Fromaget. — Contes de Godard d'Aucour.
On y joint la collection des eaux-fortes en 3 états, en *sanguine* sur japon avant la lettre, en *noir* sur papier bleu et sur Hollande avec la lettre.

326. **Petits Poètes du XVIIIe siècle**, publiés avec notices bio-bibliographiques, sous la direction de Octave Uzanne. *Paris, Quantin*, 1879-1886, 12 vol. in-8 écu, portraits en-têtes et culs-de-lampe à l'eau-forte et sur bois, br., couv.

Collection complète.

Joseph Vadé. — A. Piron. — A. Bertin. — Desforges-Maillard. — Lattaignant. — Gilbert. — de Bernis. — Gresset. — Gentil-Bernard. — Malfilâtre. Chevalier Bonnard. — Boufflers.

Exemplaire tiré sur **papier de Chine**, avec les eaux-fortes en 2 états, en *sanguine* sur Japon avant la lettre, en *noir* sur Chine avec la lettre.

327. **Pitray** (Mme la Vicomtesse de), née de Ségur. Ouvrage illustré de 65 vignettes sur bois par Riou. *Paris. Hachette et Cie*, 1878, in-12, br., couv.

De la Bibliothèque rose illustrée.

L'un des quelques exemplaires tirés sur PAPIER DE CHINE.

328. **Poitou** (Eugène). Voyage en Espagne. Illustrations par V. Foulquier. *Tours, Mame et Fils*, 1869, in-8, nomb. fig. dans le texte et à pleine page, br., couv. illustr.

Première édition.

329. **Prévost** (L'Abbé). Histoire de Manon Lescaut et du Chevalier des Grieux, préface de Guy de Maupassant, illustrations de Maurice Leloir. *Paris, H. Launette*, 1885, in-4, br., couv. illust.

Exemplaire tiré sur papier vélin auquel on a joint :

1° Deux nouvelles aquarelles de Maurice Leloir, gravées à l'eau-forte par A. Boulard fils.

2° Le Prospectus de Publication.

3° Le Catalogue illustré de Vente des Aquarelles et Dessins de Maurice Leloir. *Paris*, 1890, gr. in-8, br., couv.

4° **2** DESSINS ORIGINAUX INÉDITS de F. COINDRE.

330. **PROSPECTUS ILLUSTRÉS** de Publications de luxe de la fin du XIXe siècle, 20 pièces de divers formats.

L'Abbé Constantin. — Racontars illustrés — La Famille Cardinal. — La Vie Rustique. — La Reine Marie-Antoinette. — Le Myosotis. — Les Cahiers du Capitaine Coignet. — Les Prisonniers du Caucase.—Le Roman Comique. etc., etc.

331. **Quatrelles**. A Coups de fusil. Ouvrage illustré de Trente dessins originaux hors texte par A. de Neuville, dont 12 dessins au fusain et dix-huit à la plume, reproduits en fac-simile. *Paris, Charpentier*, 1877, in-4, br., couv.

Exemplaire de premier tirage, avec les 2 nouvelles gravures ajoutées.

332. **Quinze joyes de mariage** (Les), avec des notes et un glossaire par D. Jouaust et une préface de Louis Ulbach, eaux-fortes par Ad. Lalauze. *Paris, Librairie des bibliophiles*. 1887, in-8, br., couv.

Tiré à 215 exemplaires numérotés (n° 84).
L'un des **170** sur PAPIER DE HOLLANDE.

333. **Rabelais**. Les Cinq Livres de F. Rabelais, publiés avec des variantes et un glossaire par P. Chéron, et ornés de Onze eaux-fortes par E. Boilvin. *Paris, Librairie des bibliophiles*, 1876-1877, 5 vol. in-8, br., couv.

Tiré à 200 exemplaires numérotés (n° 65).
L'un des **170** sur papier de HOLLANDE.

334. **Rabelais.** Les Cinq Livres de F. Rabelais, publiés avec des variantes et un glossaire, par P. Chéron, et ornés de Onze eaux-fortes par E. Boilvin. *Paris, Librairie des bibliophiles*, 1876-1877, 5 vol. in-16, br., couv.

L'un des **25** exemplaires tirés sur PAPIER WHATMAN, épreuves avec des gravures avant la lettre.

335. **Rassemblements** (Les). Badauderies Parisiennes. Physiologies de la rue, observées et notées par P. Adam, A. Athys, V. Barrucand, L. Blum, E. Pilon, P. Veber et E. Veber, etc., etc. Prologue par Octave Uzanne. Gravures hors texte de Félix Vallotton, vignettes dans le texte par François Courboin. *Paris, imprimé pour les Bibliophiles Indépendants, chez H. Floury*, 1896, in-8 carré, br., couv. illust.

Edition tirée à 220 exemplaires numérotés (n° 170).
On y joint le Prospectus de Publication.

336. **Récits de guerre**. Souvenirs du Capitaine Parquin (1803-1814). Dessins par F. de Myrbach, H. Dupray, Walker, L. Sergent, Marius Roy, introduction par Frédéric Masson. *Paris, Boussod, Valadon et Cie, s. d.*, in-4, nomb. illustrations dans le texte et planches hors texte, en noir et en couleurs, br., couv.

337. **Regnard** (J.-F.). Voyage de Normandie. Préface par G. Bourbon. Illustrations (en couleurs) de Ch. Denet. *Evreux, Imprimerie de Ch. Hérissey* (*Paris, L. Conquet*), 1883, in-32, br., couv.

Tiré à **300** exemplaires sur PAPIER DU JAPON.

338. **Remusat** (P. de). Un Cas de Jalousie. Edition originale, illustrée de dix-neuf lithographies par A. Lunois. *Paris, L. Conquet*, 1896, in-8, br., couv.

L'un des **140** exemplaires tirés sur PAPIER DU JAPON. (n° 44).

339. **Renan** (Ernest). Le Broyeur de Lin, avec Préface des Souvenirs d'Enfance et de Jeunesse. Vingt-sept eaux-fortes originales de Ed. Rudaux. *Paris, Librairie L. Conquet. — L. Carteret et Cie, Succrs*, 1901, in-8 cavalier, br., couv.

L'un des **35** exemplaires numérotés sur PAPIER VÉLIN du Marais, avec DEUX ÉTATS des planches, dont le tirage à part de toutes les illustrations *avant la lettre*.

340. **Reveilhac** (Paul). Bécasse. Illustrations de Jules Haro. *Evreux, Imprimerie de Ch. Hérissey*, 1884, in-12, br., couv.

Tiré à 200 exemplaires numérotés (n° 173).
L'un des **180** sur papier teinté.

341. **Reveilhac** (Paul). Un Début au Marais par Fusillot, illustré de quatre compositions de Ad. Lalauze, grav. à l'eau-forte et de dix dessins de H. Giacomelli, gravés sur bois par Huyot. *Paris, A. Ferroud*, 1892, pet. in-8, br., couv. illust.

Tiré à 200 exemplaires numérotés (n° 159).
L'un des **150** sur papier vélin à la forme des papeteries du Marais.
On y joint la couverture du Livre, tirée sur papier du Japon, et le prospectus de publication.

342. **Reveilhac** (Paul). Etapes d'un Mobile Parisien. Six compositions de Sahib, gravées par Clapès. *Paris, Marpon et Flammarion*, 1886, in-12, pap. vél. du Marais.

343. **Reveilhac** (Paul). Une Ouverture de Chasse en Normandie, par Fusillot, 19 aquarelles d'après E. Letellier. *En Plaine, aux dépens des compagnies de perdreaux réunies* (*Paris, L. Conquet*), 1890, in-16, br., couv.

Tiré à 200 exemplaires numérotés (n° 138).
L'un des **180** sur papier vélin à la forme.

344. **Richepin** (Jean). Les Blasphèmes. Avec un portrait de l'Auteur par E. de Liphart. *Paris, M. Dreyfous*, 1884, in-4, br., couv.

L'un des **100** exemplaires numérotés sur papier de **Hollande**.
On y joint la Suite des 8 eaux-fortes de Poirson, épreuves avant la lettre tirées en bistre sur papier vergé à toutes marges.

345. **Richepin** (Jean). La Chanson des Gueux. *Paris, M. Dreyfous*, 1885, in-4, br., couv.

L'un des **100** exemplaires numérotés sur papier de **Hollande**, avec les Pièces supprimées et une eau-forte par H. Lefort.

On y joint 1° La suite de 1 frontispice et 9 figures par Maurice Ridouard, in-12 tiré in-4 sur papier de Hollande avec lettre.

2° La suite de 1 portrait in-8 de Richepin par E. de Liphart et 7 figures dess. et grav. par E. Courboin, in-12 tiré in-4 sur papier de Hollande.

346. **Richepin** (Jean). La Mer. *Paris, M. Dreyfous*, 1886, in-4, br., couv.

L'un des **30** exemplaires numérotés sur papier de **Hollande**.
Envoi autographe signé de l'auteur.

347. **Richepin** (Jean). Mes Paradis. Avec un portrait à l'eau-forte par F. Desmoulin. *Paris, Charpentier et Fasquelle*, 1894, in-4, br., couv.

L'un des **30** exemplaires numérotés sur papier de **Hollande**, avec double épreuve du portrait.

Prospectus de Publication ajouté annonçant le volume sous un autre titre « Le Paradis du Diable ».

348. **Rire** (Le). Journal humoristique. F. Juven, Directeur. — Partie artistique : Arsène Alexandre. — Collaborateurs : J.-L. Forain, Caran d'Ache, Willette, Léandre, Jeanniot, Gyp, Heidbrinck, Jean Veber, Willy, Pawlowki, etc., etc. (de l'origine 10 Novembre 1894 au 2 Novembre 1895). *Paris, F. Juven*, in-4, nomb. illustrations en noir et en couleurs, br., couv. illust.

Première année (n°s 1 à 52).

On y joint : Le Rire, 26 Novembre 1898. — Tournée Guillaume II.— 15 jours en Turquie, Palestine, Jérusalem et les lieux saints. Vu les exigences de l'itinéraire il ne sera donné qu'une seule représentation dans chaque localité. Les Militaires paient 1/2 place. Pour tous renseignements s'adresser aux Veber's. (Ce numéro est interdit en Allemagne).

349. **Robida** (A.). La Guerre au Vingtième Siècle. *Paris, G. Decaux, s. d.*, in-4 obl., avec les illustrations en noir et en couleurs, cart. illustré de l'éditeur.

350. **Robida** (A.). Paris de Siècle en Siècle. Le Cœur de Paris, splendeurs et souvenirs. Texte, dessins et lithographies par A. Robida. *Paris, Librairie illustrée, s. d.*, in-4, nomb. fig. dans le texte et planches hors texte en noir et en couleurs, br., couv. impr. en couleurs.

351. **Robida** (A.). Paris de Siècle en Siècle. Texte, dessins et lithographies par A. Robida. *Paris, Librairie illustrée, s. d.*, in-4, nomb. illustrations dans le texte et planches hors texte en noir et en couleurs, br., couv., impr. en couleur et or.

352. **Robida** (A.). Les Vieilles Villes de l'Espagne, notes et souvenirs. Ouvrage illustré de 125 dessins à la plume, par A. Robida, reproduits en fac-simile. *Paris, M. Dreyfous*, 1880, gr. in-8, br., couv. illust.

353. **Robida** (A.). Les Vieilles Villes de Suisse, notes et souvenirs. Ouvrage illustré de 105 dessins à la plume, par A. Robida, reproduits en fac-simile. *Paris, M. Dreyfous*, 1879, gr. in-8, br., couv. illust.

354. **Robida** (A.). Le Vingtième Siècle. Texte et dessins, par A. Robida. *Paris, G. Decaux*, 1883, in-4, nomb. fig. dans le texte et planches hors texte en noir et en couleurs, br., couv. illust. (*cassure au dos de la brochure*).

On y joint la 1re livraison de l'ouvrage.

355. **Robida** (A.). Le Vingtième Siècle. La Vie Electrique. Texte et dessins par A. Robida. *Paris, Librairie illustrée, s. d.*, in-4, nomb. fig. dans le texte et planches hors texte en noir et en couleurs, br., couv. impr. en couleurs.

356. **Robida** (A.). Voyage de Fiançailles au XXe siècle. Texte et Dessins par A. Robida. *Paris, L. Conquet*, 1892, in-12, br., couv. illust.

Tiré à **200** exemplaires sur PAPIER DE CHINE non mis dans le commerce.

357. **Rodenbach** (Georges). Bruges-la-Morte. Quarante-trois compositions originales d'après nature, dessinées et gravées sur bois par Henri Paillard. *Paris, Librairie L. Conquet. — L. Carteret et Cie, succrs*, 1900, in-8, br., couv. impr. en couleurs.

Tiré à 250 exemplaires numérotés (no 55).
L'un des **150** sur PAPIER VÉLIN du Marais à la forme, avec le Prospectus de l'édition ajouté.

358. **Roumanille** (J.). Lou Mège de Cucugnan. Emé la Traducioun Franceso de Anfos Daudet. Dessins de Ch. Combes. *Paris, A. Lacroix, Verboeckhoven, s. d.*, in-4, illustrations tirées en bistre, cart. illustré de l'éditeur.

359. **Rousseau** (J.-J.). Les Confessions, avec une préface par Marc Monnier. Treize Eaux-fortes par Ed. Hédouin. *Paris, Librairie des bibliophiles*, 1881, 4 vol. in-8, br., couv.

Tiré à 220 exemplaires numérotés (n° 81).
L'un des **170** sur PAPIER DE HOLLANDE.

360. **Rousseau** (J.-J.). Les Confessions. Nouvelle édition illustrée de Quatre-vingt-seize compositions de Maurice Leloir, gravées à l'eau-forte par les premiers artistes. Préface de Jules Claretie. *Paris, H. Launette et Cie*, 1889, 2 tomes en 12 fasc. in-4, dans des cartons.

Exemplaire tiré sur papier vélin, auquel on joint le Prospectus de Publication.

361. **Rousseau** (J.-J.). La Nouvelle Héloise, avec une préface par J. Grand-Carteret. Dessins d'Edmond Hédouin, gravés par lui-même et par Toussaint, eaux-fortes de Lalauze imprimées dans le texte. *Paris, Librairie des bibliophiles*, 1889, 6 vol. in-8, br., couv.

Tiré à 175 exemplaires numérotés (n° 109).
L'un des **125** sur papier de HOLLANDE.

362. **Saintine** (X.-B.). La Mythologie du Rhin et les Contes de la Mère-Grand, illustrés par Gustave Doré. *Paris, Hachette et Cie*, 1862, in-8, nomb. vign. sur bois dans le texte, br., couv.

Premier tirage des illustrations de G. Doré.

363. **Saint-Pierre** (B. de). Paul et Virginie, avec une Introduction par Alexandre Piedagnel, orné de six figures hors texte et deux vignettes dessinées et gravées à l'eau-forte par Ad. Lalauze. *Paris, Liseux*, 1879, in-16, pap. de Holl., titre r. et n., texte avec encadrem. rouge et vert, br., couv.

On y joint 1° Qq. défets du livre imprimés en vert et en noir. — 2° Le tirage à part sur Chine des 2 vignettes, dont une double sur Hollande. — 3° La couverture du livre imprimée sur quatre papiers de différentes couleurs, rose, bleu, mauve et gris.

364. **Salis** (Rodolphe). Contes du Chat Noir. — L'Hiver, dessins de A. Willette, H. Rivière, H. Pille, H. Somm, etc., etc. Préface de Ph. Gille. *Paris, Librairie illustrée, s. d.* — Le Printemps, dessins de Loys, Robida, Steinlen, etc., etc. Préface de F. Sarcey. *Paris, Dentu*, 1891. — Ensemble 2 vol. in-8, br., couv. impr. en couleurs.

365. **Salon illustré de 1879** comprenant 200 dessins originaux. Exécutés par les Artistes d'après leurs œuvres, et accompagnés de Poésies inédites par MM. J. Aicard. Théod. de Banville, P. Bourget, F. Coppée, E. d'Hervilly, A. Houssaye. A. Silvestre, A. Theuriet, etc., etc. Publié sous la direction de F.-G. Dumas. *Paris, L. Baschet, s. d.*, 2 vol. gr. in-8, fig. dans le texte et eaux-fortes hors texte, br., couv. pap. japonais, emboitages artistiques.

366. **Salon de 1885** (Les). Maitres Modernes. Etude par O. Mirbeau. Publié sous la direction de F.-G. Dumas. *Paris, L. Baschet, s. d.*, in-fol., illustrations dans le texte et planches hors texte (20), en feuilles, dans un cartonn. artistique de l'éditeur.

367. **Sand** (George). Les Beaux Messieurs de Bois-Doré. Illustrations d'Adrien Moreau, gravées sur bois par Brauer, Froment, Hamel, Méaulle, Rousseau et Thomas. *Paris, E. Testard*, 1892, 2 vol. — Albums d'eaux-fortes par Boulard, Géry-Bichard et Vion, préface par F. Sarcey, 1 vol. — Ens. 3 vol. gr. in-8, br., couv. et en portefeuille.

L'un des **75** exemplaires tirés sur PAPIER DU JAPON (nº 12) contenant : 1º la suite des 10 grandes compositions gravées à l'eau-forte en 4 états dont l'eau-forte pure avec remarques sur Japon. — 2º Le tirage à part de tous les bois tirés sur Japon.

On y joint le Prospectus de Publication.

368. **SAND** (George). **La Mare au Diable.** Edition enrichie de dix-sept Illustrations, composées et gravées à l'eau-forte par Edmond Rudaux. *Paris, Quantin*, 1889, in-8 raisin, br., couv.

Edition spéciale à **100** exemplaires, imprimée sur grand PAPIER VÉLIN du Marais pour le compte de M. L. Conquet (nº 70) renfermant deux états des planches, dont un avant la lettre (épreuves d'artiste avec remarques gravées à l'eau-forte sur les marges).

369. **Sand** (George). La Marquise. Edition illustrée de 1 portrait et 9 vignettes dessinés par Baugnies et gravés par Courboin. *Paris, Calmann-Lévy (pour L. Conquet)*, 1888, pet. in-8, br., couv.

L'un des **225** exemplaires tirés sur PAPIER VÉLIN du Marais (nº 129), avec les figures tirées dans le texte.

370. **Sandeau** (Jules). Un Début dans la Magistrature. Edition illustrée de 1 portrait et 12 vignettes dessinés par Baugnies, gravés par Deville. *Paris, Calmann-Lévy (pour L. Conquet)*, 1877, pet. in-8, br., couv.

L'un des **225** exemplaires tirés sur PAPIER VÉLIN du Marais (nº 170), avec les vignettes imprimées dans le texte.

371. **Sarah-Bernhardt**. Dans les Nuages. Impressions d'une Chaise. Récit recueilli par Sarah-Bernhardt, illustré par Georges Clairin. *Paris, Charpentier, s. d.*, in-4, br., couv. illust.

372. **Saulière** (Auguste). Les Leçons Conjugales, contes lestes, Vignettes et Eaux-fortes de Henry Somm. 1879. — Histoires Conjugales, nouveaux contes lestes. 55 vignettes et 10 eaux-fortes par Henry Somm, 1881. — Ce qu'on n'ose pas dire. Eaux-fortes et vignettes de Henry Somm. 1884. *Paris, Dentu*, 1879-1884, 3 vol. in-12, pap. vél. teinté, titre r. et n., texte encadré de fil. rouges, br.

Editions originales, avec les couvertures.

373. **Saulière** (Auguste). Les Solutions conjugales. Dix eaux-fortes par Henry Somm. *Paris, Librairie de l'Eau-forte*, 1876, in-8, br., couv.

On y joint 2 autres gravures tirées en 3 états, en *noir* et en *bistre* sur Japon, et en *sanguine* sur Hollande, épreuves avant la lettre.

374. **Scarron**. Le Roman Comique. Nouvelle édition, illustrée de Trois cent cinquante compositions par Edouard Zier. *Paris, H. Launette et Cie*, 1888, in-4, br., couv. impr. en couleurs.

Exemplaire tiré sur papier vélin, auquel on a joint le Prospectus de Publication.

375. **Scholl** (Aurélun). Denise. Aquarelles de Grivaz, gravées par Arents. *Paris, Rouveyre et Blond*, 1884, in-8, pap. de Holl., br., couv. illust.

376. **Schwob** (Marcel). La Porte des Rêves. Illustrations de Georges de Feure. *Paris, pour les Bibliophiles indépendants, chez H. Floury.* 1899, in-4 couronne, tiré sur Japon, illustré de 16 planches hors texte gravées sur bois, de 32 encadrements variés, de 15 culs-de-lampe et d'une tripti-frontispice gravé en taille-douce en 2 tons répérés et colorié à l'aquarelle à la main, br., couv. illust.

Le tirage de ce livre pour les Bibliophiles indépendants a été fait au nombre de **220** exemplaires numérotés, dont 20 exemplaires pour l'auteur et les collaborateurs (nº 116).

On y joint : **2** épreuves « Blanche La Sanglante et La Fille du Moulin » et le Prospectus de Publication.

377. **Sciama** (André) (A. Semiane). Paris en sonnets, illustré de Vingt-neuf compositions (en couleurs) par Henriot. *Paris, L. Conquet,* 1897, in-8 raisin, br., couv. impr. en couleurs.

Edition tirée à **300** exemplaires, sur papier vélin, non mis dans le commerce.

378. **Semiane** (Albert). Bagatelles. Trois eaux-fortes par Paul Avril. *Paris, L. Conquet,* 1884, in-16, br., couv.

Tiré à **75** exemplaires numérotés (nº 54).

L'un des 66 sur papier vergé de HOLLANDE (dont 40 seulement mis dans le commerce).

379. **Ségur** (Mme la Comtesse de), née Rostopchine. Un Bon petit Diable. Ouvrage illustré de 100 vignettes sur bois par H. Castelli. Troisième édition. *Paris, H. Hachette et Cie,* 1869, in-12, cart. dos et coins de perc. r., non rog., couv. (*Carayon*).

De la Bibliothèque rose illustrée.

L'un des quelques exemplaires tirés sur PAPIER DE CHINE.

380. **Silvestre** (Armand). Floréal. Illustrations de Georges Cain, préface de Jules Claretie, musique de Jules Massenet. *Paris, Ch. Delagrave, s. d.,* gr. in-4, titre r. et n., planches imp. en teintes variées, br., couv. illust.

Exemplaire sur PAPIER VÉLIN.

On y joint le Prospectus et l'Affiche illustrée de Publication.

381. **Soirées de Médan** (Les), par E. Zola, Guy de Maupassant, J.-K. Huysmans, H. Ceard, L. Hennique, P. Alexis, avec les Portraits des six Auteurs, eaux-fortes de F. Des-

moulin, et six compositions de Jeanniot, gravées à l'eau-forte par L. Muller. *Paris, Charpentier et Cie*, 1890, in-8 écu, pap. vél. teinté, br., couv.

382. **SONNETS ET EAUX-FORTES**. *Paris, Lemerre*, 1869, gr. in-4, pap. vergé de Holl., titre orné et 42 eaux-fortes, cart. vélin vert, non rog. (*Pierson*).

Sonnets de MM. J. Aicard, Autran, Th. de Banville, A. Barbier, L. Bouilhet, L. Cladel, F. Coppée, L. Dierx, A. France, Th. Gautier, A. Glatigny, J.-M. de Heredia, A. Houssaye, Leconte de Lisle, Judith Mendès, Sainte-Beuve, Soulary, Sully-Prudhomme, A. Theuriet, P. Verlaine, etc., etc.

Eaux-fortes par MM. L. Gaucherel, Edm. Morin, C. Nanteuil, G. Doré, Ch. Courtry, Gérôme, Seymour-Haden, Léop. Flameng, Corot, Ch. Daubigny, J.-F. Millet, Manet, Edm. Hédouin, Feyen-Perrin, Bracquemond, Boilvin, etc., etc.

383. **SOULIÉ** (Frédéric). Le **Lion amoureux**. Nouvelle édition illustrée de 19 vignettes dessinées par Sahib et gravées au burin sur acier par Nargeot, avec une Notice historique et littéraire par Ludovic Halévy. *Paris, L. Conquet*, 1882, in-16, br., couv.

Tiré à 500 exemplaires numérotés (nº 176).
L'un des **350** sur papier fin de HOLLANDE.

384. **Staal**. Mémoires de Mme de Staal (Mlle Delaunay). Un portrait et trente compositions de C. Delort, gravés au burin et à l'eau-forte par L. Boisson, préface de R. Vallery-Radot. *Paris, L. Conquet*, 1891, in-8, br., couv.

Tiré à 600 exemplaires numérotés (nº 283).
L'un des **400** sur papier vélin du Marais, avec le Prospectus de l'édition, ajouté.

385. **Stendhal** (de) (Henri **Beyle**). La Chartreuse de Parme. Réimpression textuelle de l'édition originale, illustrée de 32 eaux-fortes par V. Foulquier, préface de Francisque Sarcey. *Paris, L. Conquet*, 1883, 2 vol. in-8, br., couv.

Tirage unique à 500 exemplaires numérotés (nº 484).
L'un des **350** sur papier vélin à la cuve.

386. **Stendhal** (de) (Henri **Beyle**). Le Rouge et le Noir. Réimpression textuelle de l'édition originale, illustrée de 80 eaux-fortes par H. Dubouchet, préface par Léon Chapron. *Paris, L. Conquet*, 1884, 3 vol. in-8, br., couv.

Tirage unique à 500 exemplaires numérotés (nº 262).
L'un des **350** sur papier vélin à la cuve.

387. **Sterne** (Laurence). Voyage sentimental en France et en Italie, traduction nouvelle, par Alfred Hédouin. Six eaux-fortes par Edmond Hédouin. *Paris, Librairie des bibliophiles*, 1875, in-16, br., couv.

L'un des **25** exemplaires tirés sur PAPIER WHATMAN, avec épreuves des gravures avant la lettre.

388. **Sterne** (Laurence). Voyage sentimental en France et en Italie. Traduction nouvelle et Notice de M. Emile Blémont, illustrations de Maurice Leloir, comprenant 220 dessins dans le texte et 12 grandes compositions hors texte. *Paris, H. Launette*, 1884, in-4, br., couv. illust.

Exemplaire tiré sur papier vélin, auquel on a joint le Prospectus de Publication.

389. **Straparole**. Les Facétieuses Nuits du seigneur J.-F. Straparole, traduites par J. Louveau et P. de Larivey, publiées avec une préface et des notes par G. Brunet. Quatorze dessins de J. Garnier, gravés à l'eau-forte par Champollion. *Paris, Librairie des bibliophiles*, 1882, 4 vol. in-8, br., couv.

Tiré à 220 exemplaires numérotés (n° 209).
L'un des **170** sur PAPIER DE HOLLANDE.

390. **Taine** (H.). Voyage aux Pyrénées. Troisième édition, illustrée par Gustave Doré. *Paris, Hachette et Cie*, 1860, in-8, br., couv.

Cette troisième édition, dont le texte a été remanié et considérablement augmenté, contient 350 vignettes sur bois, dont une cinquantaine à pleine page. « Brivois, p. 402 ».

391. **Theuriet** (André). Les Œillets de Kerlaz. Edition originale, illustrée de quatre eaux-fortes de Rudaux, de huit en-têtes et culs-de-lampe de Giacomelli, gravés par T. de Mare. *Paris, L. Conquet*, 1885, in-12, br., couv. illust.

L'un des **100** exemplaires tirés sur PAPIER DU JAPON (n° 37), avec le prospectus de publication.

392. **Theuriet** (André). Les Œillets de Kerlaz. Edition originale, illustrée de Quatre eaux-fortes de Rudaux, de Huit en-têtes et culs-de-lampe de Giacomelli, gravés par T. de Mare. *Paris, L. Conquet*, 1885, in-16, pap. vergé du Marais, br., couv.

393. **Theuriet** (André). Nos Oiseaux. Aquarelles de Hector Giacomelli. *Paris, H. Launette et Cie*, 1886, 1 tome en 5 fasc. in-4, en feuilles, dans des cartons.

Exemplaire tiré sur PAPIER VÉLIN, auquel on a joint, la couverture et le Prospectus de Publication.

394. **Theuriet** (André). Reine des Bois, illustré par H. Laurent-Desrousseaux. *Paris, Boussod, Valadon et Cie*, 1890, in-4, illustré de 36 planches en photogravure, dont 18 hors texte, br., couv.

Exemplaire tiré sur papier vélin. Planches imprimées en noir.

395. **Theuriet** (André). Sous Bois. Nouvelle édition illustrée de soixante-dix-huit compositions de H. Giacomelli, gravées sous bois par Berveiller, Froment, Méaulle et Rouget, préface de Jules Claretie. *Paris, L. Conquet — G. Charpentier*, 1883, pet. in-8, br., couv. illust.

Tirage unique à 500 exemplaires numérotés (nº 436).
L'un des 350 sur papier vélin du Marais, à la forme.

396. **Thoumas** (Général). Autour du Drapeau (1789-1889). Campagnes de l'Armée Française depuis cent ans. Deux cents illustrations par L. Sergent. *Paris, A. Le Vasseur et Cie, s. d.*, in-4, br., couv. illust.

Exemplaire tiré sur papier vélin, auquel on a joint 2 Prospectus différents de Publication.

397. **Tillier** (Claude). Mon Oncle Benjamin. Nouvelle édition, illustrée d'un portrait-frontispice et de 42 dessins de Sahib, gravés sur bois par Prunaire, avec une préface par Monselet. *Paris, L. Conquet*, 1881, 2 vol. in-8, br., couv. impr. en couleurs.

L'un des **25** exemplaires numérotés sur PAPIER WHATMAN, auquel on a joint le Prospectus de Publication.

398. **TOUDOUZE** (Gustave). **La Vengeance des Peaux-de-Bique**. Illustrations de J. Le Blant. *Paris, Hachette et Cie*, 1896, gr. in-8, br., couv. illust.

L'un des **50** exemplaires tirés sur PAPIER DE CHINE pour la librairie Conquet (nº 25), avec le tirage à part de toutes les gravures.

399. **Types de Paris** (Les). Texte par Edm. de Goncourt, Alph. Daudet, Em. Zola, Ant. Proust, Robert de Bonnières, Henry

Gréville, Guy de Maupassant, Paul Bourget, Paul Bonnetain, J. Richepin, etc., etc. Dessins de J.-F. Raffaëlli (Edition du Figaro). *Paris, Plon et Cie, s. d.*, in-4, en livraisons, couvertures impr. en couleurs.

400. **Uchard** (Mario). Mon Oncle Barbassou, orné de 40 compositions gravées à l'eau-forte par Paul Avril. *Paris, J. Lemonnyer*, 1884, in-8 raisin.

L'un des **275** exemplaires numérotés sur papier vergé de HOLLANDE, auquel on a joint :

1° Une suite des eaux-fortes terminées, tirée à part, en bistre sur Japon.

2° Le Prospectus de Publication.

401. **Uzanne** (Octave). Son altesse la Femme, illustrations de H. Gervex, J.-A. Gonzalès, L. Krathé, A. Lynch, Adrien Moreau et F. Rops. *Paris, A. Quantin*, 1885, gr. in-8, br., couv. impr. en couleurs, emboitage.

On y joint le Prospectus de Publication.

402. **Uzanne** (Octave). L'Art dans la Décoration extérieure des Livres en France et à l'Etranger, les Couvertures illustrées les Cartonnages d'Editeurs, la Reliure d'Art. *Paris, Société Française d'Editions d'Art. L.-H. May*, 1898, gr. in-8, pap. vél., nomb. fig. dans le texte et planches hors texte, br., couv. impr. en couleurs.

403. **Uzanne** (Octave). L'Art et l'Idée. Revue contemporaine illustrée, publiée par Octave Uzanne. *Paris*, 1892, 2 tomes en 12 livraisons in-8, pap. vél., front., fig. dans le texte et planches hors texte, couv.

Manque le titre du tome 2.

Lettre autographe de l'auteur ajoutée

404. **Uzanne** (Octave). Bouquinistes et Bouquineurs. Physiologie des Quais de Paris, du Pont Royal au Pont Sully. Illustrations d'Emile Mas, eau-forte frontispice de Manesse. *Paris, Librairies-Imprimeries réunies. May et Motteroz*, 1893, in-8 raisin, pap. vél., titre r. et n., br. couv. illust.

405. **Uzanne** (Octave). L'Ecole des Faunes, fantaisies muliéresques. Contes de la vingtième année. — Bric à Brac de l'Amour — Calendrier de Vénus — Surprises du Cœur —

Décorations en camaïeu par Eugène Courboin. Frontispice de D. Vierge, interprété à l'eau-forte par F. Massé. *Paris, H. Floury*, 1896, gr. in-8, br., couv.

L'un des 660 exemplaires tirés sur papier vélin satin d'Ecosse (nº 108).

406. **Uzanne** (Octave). L'Eventail. Illustration de Paul Avril. *Paris, A. Quantin*, 1882, gr. in-8, br., couv. imp. en couleurs, emboitage en satin.

Exemplaire de tout premier tirage avec les remarques données par M. Brunox.

On y joint : 1º L'Eventail et L'Ombrelle. Essai de classification bibliographique des diverses sortes d'exemplaires de ces deux ouvrages et des Suites de gravures qui se peuvent rencontrer, par G. Brunox, *Paris, G. Brunox*, 1883, plaq. gr. in-8, br., couv. — 2º Une planche en chromolith. représentant un Eventail monté en nacre de la Collection de M. Léopold Double, tiré gr. in-8.

407. **Uzanne** (Octave). L'Eventail. Illustrations de Paul Avril. *Paris, A. Quantin*, 1882, gr. in-8, br. couv. impr. en couleurs, emboitage en satin.

On y joint : 1º Le portrait d'Octave Uzanne, gravé à l'eau-forte par E. Abot, épreuve avant la lettre tirée gr. in-8, sur Japon. — 2º Le faux-titre, titre et 4 pages du livre, imprimés sur papier bleuté. — 3º Une planche représentant un Eventail composition en couleurs de Paul Avril, tirée in-4, sur Japon.

408. **Uzanne** (Octave). Les Évolutions du Bouquin. La Nouvelle Bibliopolis. Voyage d'un novateur au pays des Néo-Icono-Bibliomanes. Lithographies en couleurs et marges décoratives de H.-P. Dillon. Frontispice à l'eau-forte d'après Félicien Rops, nombreuses illustrations dans le texte et hors texte. *Paris, H. Floury*, 1897, in-12, br., couv. illust.

Cette édition originale qui désormais ne sera réimprimée, a été tirée à 600 exemplaires tous numérotés (nº 293).

L'un des 500 sur papier vélin satiné, de Rives.

409. **Uzanne** (Octave). La Femme à Paris. Nos Contemporains, notes successives sur les Parisiennes de ce temps dans leurs divers milieux, états et conditions. Illustrations de Pierre Vidal. *Paris, Librairies - Imprimeries réunies. May et Motteroz*, 1894, gr. in-8, avec 300 illustrations dans le texte, la plupart en couleurs, et 20 grandes planches hors texte, gravées à l'eau-forte par F. Masse et relevées d'aquarelles, br., couv. impr. en couleurs, et emboitage en satin bleu ciel, avec broderies et titre impr. avec illust.

Exemplaire tiré sur papier vélin glacé, auquel on a joint 2 Prospectus illustrés de Publication, dont un en couleurs.

410. **Uzanne** (Octave). La Française du Siècle. Modes — Mœurs — Usages, illustrations à l'aquarelle de Albert Lynch, gravées à l'eau-forte en couleurs par Eugène Gaujean. *Paris, A. Quantin*, 1886, gr. in-8. br., couv. impr. en couleurs, emboitage.

On y joint : 1° Le tirage à part en noir des gravures. — 2° Le Prospectus de Publication.

411. **Uzanne** (Octave). Le Livre Moderne. Revue du Monde littéraire et des Bibliophiles contemporains, publiée par Octave Uzanne. *Paris, Quantin*, 1890-1891, 5 vol. in-8 raisin y compris le vol. de Table, papier vergé des Vosges, fig. dans le texte et planches hors texte, en livraisons, couv.

412. **Uzanne** (Octave). Le Miroir du Monde, notes et sensations de la vie pittoresque. Illustrations en couleurs, d'après Paul Avril. *Paris, Quantin*, 1888, in-4, pap. vél. de Holl., br., couv. illust., emboitage en cuir Japonais.

413. **Uzanne** (Octave). Les Modes de Paris, variations du goût et de l'esthétique de la femme (1797-1897). Illustrations originales de François Courboin, dans le texte et hors texte, d'après des documents inédits. *Paris, Société française d'Edition d'Art. L. Henry May*, 1898, in-8 carré, pap. vél., nomb. fig. en noir dans le texte, et planches en couleurs hors texte, br., couv. impr. en couleurs.

414. **Uzanne** (Octave.). Nos Amis les Livres. Causeries sur la littérature curieuse et la librairie. *Paris, Quantin*, 1886, pet. in-12, pap. vergé de Holl., front. à l'eau-forte par Manesse, d'après Lynch, br. couv.

415. **Uzanne** (Octave). L'Ombrelle — Le Gant — Le Manchon, illustrations de Paul Avril. *Paris, A. Quantin*, 1883, gr. in-8, br., couv. impr. en couleurs, emboitage en satin.

On y joint : 1° 4 pages du livre, imprimées sur papier bleuté. — 2° Le Prospectus de Publication. — 3° Le Catalogue Quantin 1883. — 4° Deux couvertures différentes du livre.

416. **Uzanne** (Octave). Le Paroissien du Célibataire, observations physiologiques et morales sur l'état du célibat. Illustrations de Albert Lynch, gravées à l'eau-forte par E. Gaujean. *Paris, Librairies-Imprimeries réunies May et Motteroz*, 1890, in-8, pap. vergé des Vosges, br., couv.

417. **Uzanne** (Octave). La Reliure Moderne, artistique et fantaisiste. Illustrations reproduites d'après les originaux par P. Albert-Dujardin et Dessins allégoriques de J. Adeline, G. Fraipont, A. Giraldon, Frontispice de A. Lynch, gravé par Manesse. *Paris, Rouveyre*, 1887, in-8, pap. vél. teinté, br., couv.

418. **Uzanne** (Octave). **Voyage autour de sa Chambre**. Illustrations de Henri Caruchet, gravées à l'eau-forte par Frédéric Massé. Relevées d'Aquarelles à la main. *Imprimé à Paris, pour les Bibliophiles indépendants. H. Floury*. 1896. in-4, br., couv.

Cette publication a été tirée en taille-douce, pour les Bibliophiles indépendants, au nombre exact de 210, dont **200** pour les souscripteurs 10 pour les Collaborateurs.

Exemplaire nº 50, contenant le tirage à part, en noir avec remarques des encadrements du texte.

On y joint le Prospectus de Publication.

419. **Uzanne** (Octave.) Les Zigzags d'un curieux. Causeries sur l'art des livres et la littérature d'art. *Paris, Quantin*, 1888, in-12, pap. vergé de Holl., avec front. à l'eau-forte de F. Buhot, br., couv.

420. **Uzanne** (Octave). et A. **Robida**. Contes pour les Bibliophiles. Nombreuses illustrations dans le texte et hors texte (en noir et en couleurs). *Paris, Librairies-Imprimeries réunies. May et Motteroz*, 1895, gr. in-8, pap. vél., titre r. et n., br., couv. illust.

On y joint la planche « Les Fricatrices », d'après Fragonard, page 184.

421. **VIGNY** (Alfred de). Servitude et Grandeur militaires. Compositions de Albert Dawant et de Jean-Paul Laurens, eaux-fortes de Louis Muller, Champollion et Decisy. *Paris, A. Magnier*, 1898. 2 vol. in-8 raisin, br., couv. illust.

De la Collection des Dix.

Tiré à 300 exemplaires numérotés (nº 99).

L'un des **50** sur PAPIER VÉLIN de cuve, avec 2 états des planches hors texte et un état des vignettes.

On y joint : 1º Une suite état terminé avec remarques des vignettes. — 2º Le Prospectus de Publication.

422. **Villon** (François). Œuvres. Texte revisé et préface par Jules de Marthold. Quatre-vingt-dix illustrations en deux

teintes de A. Robida. *Paris, L. Conquet*, 1897, in-8 raisin, br., couv. impr. en couleurs.

L'un des **70** exemplaires numérotés sur PAPIER DE CHINE, avec une suite des tirages à part du trait.
On y joint le Prospectus de Publication sur Chine et vélin à la cuve.

423. **VIOLLET-LE-DUC**. Dictionnaire raisonné de l'Architecture française du XIe au XVIe siècle. *Paris, Vve A. Morel*, 1875-1876, 10 vol. in-8, portr. et nomb. illustrations dans le texte, br., couv. (*Brochure fatiguée*).

Le tome 3 est en feuilles (sans la couverture).

424. **Vogué** (Vte Eug. Melchior de). Histoires d'Hiver. Edition illustrée de 1 frontispice et 10 vignettes gravés par A. Nargeot, d'après de Sta et Martin. *Paris, Calmann Lévy (pour L. Conquet)*, 1885, pet. in-8, br., couv.

L'un des 225 exemplaires tirés sur papier vélin à la cuve du Marais (n° 94), avec les vignettes tirées dans le texte.

425. **Vogué** (Vicomte E.-M. de). Le Manteau de Joseph Olénine. Portrait gravé au burin et à l'eau-forte par A. Lamotte. *Paris, L. Conquet*, 1889, in-16, br., couv.

L'un des **85** exemplaires tirés sur PAPIER DU JAPON (n° 23), avec deux états du portrait, *avant* et *avec* la lettre.

426. **Voltaire**. Candide, ou l'Optimisme. Préface de Francisque Sarcey. Illustrations de Adrien Moreau. *Paris, G. Boudet*, 1893, in-8 raisin, br., couv.

Tiré à 600 exemplaires numérotés (n° 271).
L'un des 525 sur papier à la forme des papeteries du Marais, auquel on a joint le Prospectus illustré des Publications.

427. **VORAGINE** (J. de). La Légende dorée. Traduction française de H. Piazza, dessins et lithographies de A. Lunois. *Paris, G. Boudet*, 1896, in-4, br., couv. illust., emboitage.

Tiré à 210 exemplaires numérotes et paraphés par les Auteurs (n° 152).
L'un des **150** sur papier velin à la forme.

428. **ZOLA** (Emile). L'Attaque du Moulin. Compositions de Emile Boutigny, gravures à l'eau-forte et en couleurs par Claude Faivre. *Paris, Librairie de la Collection des Dix, A. Romagnol*, 1901, in-8 raisin, br., couv. impr. en couleurs.

De la Collection des Dix.
Exemplaire sur PAPIER VÉLIN d'Arches, contenant un double état des planches hors texte dont l'état avec remarque et l'état avec lettre et la décomposition en couleurs d'une planche.

429. **Zola** (Emile). Nouveaux Contes à Ninon. 1 frontispice et 30 compositions dessinés et gravés à l'eau-forte par Ed. Rudaux. *Paris, L. Conquet*, 1886, 2 vol. pet. in-8, br., couv.

Tirage unique à 500 exemplaires numérotés (n° 159).
L'un des 350 sur papier vélin du Marais à la forme, avec le Prospectus de l'édition ajouté.

430. **Zola** (Emile). La Fête à Coqueville, dessinée par André Devambez. *Paris, E. Fasquelle*, 1898, in-4, illustrations en couleurs.

431. **Zola** (E.). La Terre. *Paris, Eug. Fasquelle*, 1897, in-12, br., couv.

Edition comprenant une suite de 18 lithographies originales de H.-G. Ibels.

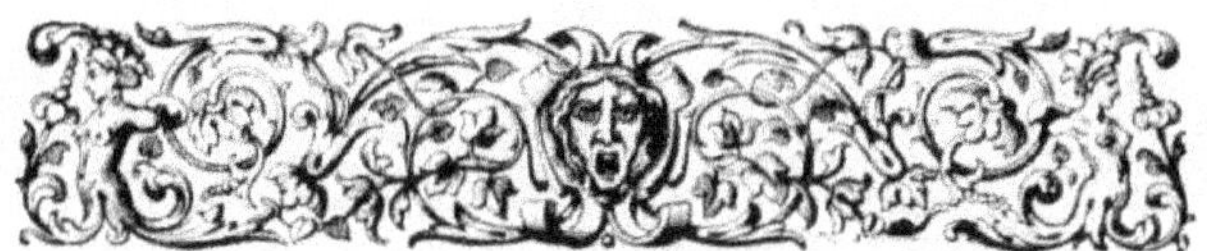

III. ÉDITIONS ORIGINALES

d'Auteurs Contemporains

432. **About** (Edmond). Le Cas de M. Guérin. *Paris, M. Lévy frères*, 1862, in-12, br.

Edition originale, avec la couverture.

433. **About** (Edmond). Le Fellah, souvenirs d'Egypte. *Paris, Hachette et Cie*, 1869, in-8, br.

Edition originale, avec la couverture.

434. **About** (Edmond). Germaine. *Paris, Hachette et Cie*, 1857, in-12, br.

Edition originale, avec la couverture.

435. **About** (Edmond). Germaine. Deuxième série des Mariages de Paris. *Paris, Hachette et Cie*, 1857, in-12, br.

Edition originale, avec la couverture.

436. **About** (Edmond). L'Homme à l'oreille cassée. *Paris, Hachette et Cie*, 1862, in-12, br.

Edition originale, avec la couverture.

437. **About** (Edmond). L'Infâme. *Paris, Hachette et Cie*, 1867, in-8, br.

Edition originale, avec la couverture.

438. **About** (Edmond). Lettres d'un bon jeune homme à sa cousine Madeleine, recueillies et mises en ordre par Edmond About. *Paris, M. Lévy frères*, 1861, in-12, br.

Edition originale, avec la couverture.

439. **About** (Edmond). Dernières Lettres d'un bon jeune homme à sa cousine Madeleine, recueillies et mises en ordre par Edmond About. *Paris, M. Lévy frères*, 1863, in-12, br.

Edition originale, avec la couverture.

440. **About** (Edmond). Madelon. *Paris, Hachette et Cie*, 1863, in-8, titre r. et n., br.

Edition originale, avec la couverture.

441. **About** (Edmond). Maître Pierre. *Paris, Hachette et Cie*, 1858, in-12, br. n. c.

Edition originale, avec la couverture.

442. **About** (Edmond). Les Mariages de Paris. *Paris, Hachette et Cie*, 1856, in-12, br.

Edition originale, avec la couverture.

443. **About** (Edmond). Les Mariages de province.— La Fille du Chanoine. — Mainfroi. — L'Album du Régiment. — Etienne. *Paris, Hachette et Cie* 1868, in-8, br.

Edition originale, avec la couverture.

444. **About** (Edmond). Le Nez d'un Notaire. *Paris M. Lévy frères*, 1862, in-12, br.

Edition originale, avec la couverture.

445. **About** (Edmond). Le Roi des Montagnes. *Paris, Hachette et Cie*, 1857, in-12, br.

Edition originale, avec la couverture.

446. **About** (Edmond). Théâtre 1856-1882. 10 pièces in-12 et in-8, br.

Editions originales, avec les couvertures.
Guillery. — Risette. — Capitaine Bitterlin. — Un mariage de Paris. — Théâtre impossible. — Gaëtana. — Nos Gens. — Histoire ancienne. — Retiré des affaires. — L'Assassin.

447. **About** (Edmond). Tolla. *Paris, Hachette et Cie*, 1855, in-12, broché.

Edition originale, avec la couverture.

448. **About** (Edmond). Trente et Quarante. — Sans dot. — Les Parents de Bernard. *Paris, Hachette et Cie*, 1859, in-12, broché.

Edition originale, avec la couverture.

449. **About** (Edmond). Le Turco. — Le Roman d'un brave homme. *Envoi autographe signé à son ami Seligman. Paris, Hachette et Cie*, 1866-1880, 2 vol. in-12, br.

Editions originales, avec les couvertures.

450. **About** (Edmond). La Vieille Roche. — Le Mari imprévu. — Les Vacances de la Comtesse. — Le Marquis de Lanrose. *Paris, Hachette et Cie*, 1865-1866, 3 vol. in-8, br.

Editions originales, avec les couvertures.

451. **About** (Edmond). La Grèce contemporaine, 1854. — Rome contemporaine, 1861, in-8. — Causeries, 1re et 2e séries, 1865-1866, 2 vol. — De Pontoise à Stamboul, 1884. *Paris, Hachette et Cie. — M. Lévy frères*, 1854-1884, 5 vol. in-12 et in-8, br.

Editions originales, avec les couvertures.

452. **About** (Edmond). La Question Romaine. *Bruxelles*, 1859, in-8. — La Prusse en 1860. — La Nouvelle Carte d'Europe. — Ces Coquins d'Agents de Change. — Lettre à M. Keller. — Le Progrès. — (*Envoi autographe signé à son bon ami Verteuil*). — Les Questions d'argent. L'Assurance. — A. B. C. du Travailleur. *Paris, Dentu. — Hachette et Cie*, 1860-1868, — Ensemble 8 vol. et broch. in-8 et in-12, br.

Editions originales, avec les couvertures.

453. **About** (Edmond). Voyage à travers l'Exposition des Beaux-Arts (Peinture et Sculpture), 1855. — Nos Artistes au Salon de 1857. — Salon de 1864. — Salon de 1866. — Quinze journees au Salon de Peinture et de Sculpture (Année 1883). — Le Décaméron du Salon de Peinture pour l'année 1881, avec Dix dessins originaux reproduits en fac-similé. *Paris, Hachette et Cie. — Jouaust*, 1855-1883, 6 vol. in-12, br.

Éditions originales, avec les couvertures.

454. **Académie Française**. Discours de réception de MM. Emile Augier — François Coppée — Cherbuliez — Alexandre Dumas fils — Octave Feuillet — Sainte-Beuve — Victorien Sardou, 7 plaquettes in-4, br. (*Edit. orig.*)

455. **Arène** (Paul). Jean-des-Figues. Avec une eau-forte d'Emile Bénassit. *Paris. A. Lacroix, Verboeckhoven et Cie*, 1870, in-12, br.

Edition originale, avec la couverture. Rare.

456. **Asselineau** (Charles). L'Enfer du Bibliophile. *Paris, Jules Tardieu*, 1860, in-18, br., couv.

Edition originale.

On y joint : Ch. Asselineau. Charles Baudelaire, sa vie et son œuvre, avec portrait. *Paris. A. Lemerre*, 1869, in-12, br., couv.

457. **AUGIER** (Emile). L'**Aventurière**, comédie en cinq actes et en vers. *Paris, Hetzel*, 1848, in-8, br.

Edition originale, avec la couverture.

458. **Augier** (Emile). Diane, drame en cinq actes en vers. *Paris M. Lévy frères*, 1852, in-12, br.

Edition originale, avec la couverture.
Envoi autographe signé à M. Provost.

459. **Augier** (Emile). Les Effrontés, comédie en cinq actes en prose. *Paris, M. Lévy frères*, 1861, in-8, br.

Edition originale, avec la couverture.

460. **Augier** (Emile). Le Fils de Giboyer, comédie en cinq actes en prose. *Paris, M. Lévy frères*, 1863. in-8, br.

Edition originale, avec la couverture.

On y joint : Le Fils de Gibaugier, ou je suis son père. Comédie burlesque en 5 actes, en prose et sans couplets, par Un Académicien Sérieux. *Paris, Cournol*, 1863, in-12, br.

Edition originale, avec la couverture.

461. **Augier** (Emile). Un Homme de bien, comédie en trois actes et en vers. *Paris, Furne et Cie*, 1845, in-12, br.

Edition originale, avec la couverture.
Envoi autographe signé à M. Provost.

462. **Augier** (Emile). Le Joueur de Flute, comédie en un acte en vers. *Paris, Blanchard. — Librairie théâtrale*, 1851, in-12, br.

Edition originale, avec la couverture.

463. **Augier** (Emile). Lions et Renards, comédie en cinq actes, en prose. *Paris, M. Lévy frères*, 1870, in-8, br.

Edition originale, avec la couverture.

464. **Augier** (Emile). Maitre Guérin, comédie en cinq actes, en prose. *Paris, M. Lévy frères*, 1865, in-8, br.

Edition originale, avec la couverture.
Envoi autographe signé, à son bon ami Janin.

465. **Augier** (Emile). Le Mariage d'Olympe, pièce en trois actes, en prose. *Paris, M. Lévy frères*, 1855, in-12, br.

Edition originale, avec la couverture.

466. **Augier** (Emile). Les Méprises de l'Amour, comédie en cinq actes et en vers. *Paris, M. Lévy frères*, 1852, in-12, br.

Edition originale, avec la couverture.

467. **Augier** (Emile). Sapho, opéra en trois actes, musique de Charles Gounod. *Paris, M. Lévy frères*, 1851, in-12, br., rog.

Édition originale, avec la couverture.

468. **Augier** (Emile). Théâtre 1844-1876. 11 pièces in-8 et in-12, br.

Editions originales, avec les couvertures.
La Ciguë. — La Pierre de touche (*envoi autog. signé à M. Provost*). — Gabrielle. — L'Aventurière, in-12. — Ceinture dorée. — La Jeunesse. — Les Lionnes pauvres. — Un beau Mariage.— Paul Forestier. — Le Post-scriptum (*envoi autog. signé à M. Verteuil*). — Madame Caverlet.

469. **Augier** (Emile) et Eugène **Labiche**. Le Prix Martin, comédie en trois actes. *Paris, Dentu*, 1876, in-12, br.

Edition originale, avec la couverture.
Timbre de la Société des Acteurs et Compositeurs dramatiques, sur le titre.

470. **Augier** (Emile) et Jules **Sandeau**. La Chasse au Roman, comédie-vaudeville en 3 actes. *Paris, M. Lévy frères*, 1851, in-12, br. (*Taches de rousseur*).

Edition originale, avec la couverture.

471. **Augier** (Emile) et Jules **Sandeau**. Le Gendre de M. Poirier, comédie en 4 actes en prose. *Paris, M. Lévy frères*, 1854, in-12, br.

Edition originale, avec la couverture.

472. **Augier** (Emile). Poésies complètes. *Paris, Michel Lévy* frères, 1852, in-12, br.

Edition originale, avec la couverture.

473. **BABEL**. Publication de la Société des gens de lettres. Collaborateurs. MM. L. Viardot, Viennet, Alex. de Lavergne, Ch. Bernard, V. Hugo, H. Monnier, H. de Balzac, Aug. Barbier, A. Lenoir, Et. Enault, Chopin, Méry, Mme Eugénie Foa, etc., etc. *Paris, J. Renouard*, 1840, 3 vol. in-8, fig. et vign. par H. Monnier, grav. sur bois par A. Gérard, cart. dos et coins de mar. vert jans., non rog., couv.

Très bel exemplaire absolument non rogné, avec les couvertures illustrées par H. Monnier, conservées.

On y a joint le tirage à part sur Chine, du dessin de la couverture, qui est le même pour les trois couvertures.

474. **Balzac** (H. de). Histoire de la grandeur et de la décadence de César Birotteau, parfumeur, chevalier de la légion-d'honneur, adjoint au Maire du 2e arrondissement de la ville de Paris ; Nouvelle scène de la Vie parisienne, par M. de Balzac. *Paris, chez l'éditeur*, 1838, 2 vol. in-8, br., rognés, couv. papier.

Édition originale.

Manquent le faux-titre, table et errata du tome II. Cachet et feuillets tachés.

On y joint : Répertoire de la Comédie humaine de H. de Balzac, par Anatole Cerfberr et Jules Christophe, avec une introduction de Paul Bourget. *Paris, Calmann Lévy*, 1887, in-8, br.

Edition originale, avec la couverture.

475. **Banville** (Théodore de). Les Camées Parisiens, frontispice avec portraits à l'eau-forte de Ulm. *Paris, Pincebourde*. 1866-1873, 3 vol. pet. in-12, pap. vergé, titre r. et n., br.

Edition originale, avec les couvertures.

476. **Banville** (Théodore de). Les Cariatides. *Paris, Pilout*, 1842, in-12, broché.

Edition originale, avec la couverture.

Envoi autographe signé.

477. **Banville** (Théodore de). Les Exilés. Idylles Prussiennes (*envoi autog. signé à M. G. Richardet*). Les Princesses (*Envoi autog. signé à M. Victor Bory*). — Trente-six ballades joyeuses.— Nous Tous. *Paris, A. Lemerre et G. Charpentier*, 1867-1884, 5 vol. in-12, br.

Éditions originales, avec les couvertures.

478. **Banville** (Théodore de). Odelettes. *Paris, Michel Lévy frères*, 1856, in-12, br.

Edition originale, avec la couverture.
On y joint :
Th. de Banville, Odelettes, deuxième édition, précédée d'un examen des Odelettes par Ch. Asselineau *Paris, Michel Lévy frères*, 1856, in-16, br. couv. (*Envoi autog. signé à Ch. de la Rounat*). — Améthystes, nouvelles odelettes. *Paris, Poulet-Malassis*, 1862, in-16, br., couv. — Théophile Gautier, ode. *Paris, A. Lemerre*, 1872, in-16, br., couv. — Paris et le nouveau Louvre, Ode par Th. de Banville. *Paris, Poulet-Malassis*, 1857, in-12, br., couv.

479. **Banville** (Théodore de). Odes funambulesques, avec un frontispice gravé à l'eau-forte par Bracquemond d'après un dessin de Charles Voillemot. *Alençon, Poulet-Malassis et de Broise*, 1857, in-12, titre r. et n., br.

Edition originale, avec la couverture et la page de musique pour les triolets qui manque presque toujours.

480. **BANVILLE** (Théodore de). Nouvelles Odes funambulesques. *Paris, Lemerre*, 1869, in-12, frontispice de L. Flameng, tiré sur Chine, br.

Edition originale, avec la couverture.

481. **Banville** (Théodore de). Les Pauvres Saltimbanques 1853. — La Mer de Nice, 1860. — Les Parisiennes de Paris, 1866. — Madame Robert, 1887. — Marcelle Rabe, 1891. — Eudore Cléaz, 1870. — *Paris Michel Lévy, Poulet Malassis, Maurice Dreyfous, Charpentier, A. Lemerre*, 1853-1891, 6 vol. in-16 et in-12, br.

Editions originales, avec les couvertures.

482. **Banville** (Théodore de). Petit traité de poésie française, *Paris, Bibliothèque de l'Echo de la Sorbonne, s. d.* in-12 br.

Edition originale, avec la couverture.
A. M. Paul de Saint Victor son dévoué confrère et ami Théodore de Banville.

483. **Banville** (Théodore de). Petites études : Mes Souvenirs. — L'Ame de Paris. — Paris vécu. — Lettres chimériques. *Paris, Charpentier*, 1882-1890, 4 vol. in-12, br.

Editions originales, avec les couvertures.

484. **Banville** (Théodore de). Scènes de la vie : Contes pour les femmes (*Envoi autog. signé à Madame Jules Sandeau.* —

Contes féeriques (*Envoi autographe signé au baron Toussaint* (*René Maizeroy*). — Contes héroïques. — Contes bourgeois. — Dames et Demoiselles. — Les belles poupées. *Paris, Charpentier*, 1881-88. 6 vol. in-12, br.

Editions originales, avec les couvertures.

485. **Banville** (Théodore de). Les Stalactites. *Paris, Paulier*, 1846, in-8, br.

Edition originale avec la couverture.

486. **Banville** (Théodore de). Théâtre, 19 vol. ou broch., in-8 et in-12, br.

Editions originales avec les couvertures.
Les folies nouvelles, prologue, 1854. (*Envoi autog. de la mère de l'auteur à Madame Favin*). — La Comédie française, raconté par un témoin de ses fautes 1863. — Le Baiser. — Socrate et sa femme. — Florise (*envoi autog. à Mlle. Rousseil*). — Gringoire. — Esope. — Le Forgeron. — Riquet à la houppe. — Le Messager. — Hymnis, (*envoi autog. à Ch. de la Rounat*). — Deidamia. — Adieu. — La Pomme. — Les fourberies de Nérine. — Diane au bois. — Le Cousin du Roi. — Le beau Léandre. — Les feuilletons d'Aristophane.

487. **Barbey d'Aurevilly** (Jules). Le Chevalier Des Touches. *Paris, M. Lévy frères*, 1864, in-12, br.

Edition originale, avec la couverture.

488. **Barbey d'Aurevilly** (Jules). Les Diaboliques. *Paris, E. Dentu*, 1874, in-12, br.

Edition originale, avec la couverture.

489. **Barbey d'Aurevilly** (Jules). Une Histoire sans nom. *Paris, Lemerre*, 1882, in-12, br.

Edition originale, avec la couverture.
On y joint : J. Barbey d'Aurevilly. Une page d'Histoire 1603. *Paris, Lemerre*, 1886, in-16. eau-forte, br., couv. (*Edit. orig.*).

490. **Barrès** (Maurice). Sensations de Paris. Le Quartier Latin — Ces Messieurs — Ces Dames. 32 Croquis par nos meilleurs Artistes. *Paris, C. Dalou*, 1888. in-12, de 35 pp., br.

Edition originale, avec la couverture illustrée.
On y joint : Une heure chez M. Barrès, par un faux Renan. *Paris, Tresse et Stock*, 1890, in-16 de 52 pp., br.
Edition originale, avec la couverture.

491. **Barrière** (Théodore) et Ernest **Capendu**. Les Faux Bons-

hommes, comédie en quatre actes. *Paris, M. Lévy frères*, 1856, in-12, br.

Edition originale, avec la couverture.

On y joint : La Vie de Bohême, pièce en cinq actes, par MM. Th. Barrière et Henry Murger. *Paris, M. Lévy frères*, 1849, in-12, br. — Les Fausses Bonnes Femmes, comédie en cinq actes, en prose, par Théodore Barrière et Ernest Capendu. *Paris, M. Lévy frères*, 1858, in-12, br.—Les filles de Marbre, drame en 5 actes. *Paris, Michel Lévy frères*, 1853, in-12, br.

Editions originales, avec les couvertures.

492. **BAUDELAIRE** (Charles). **Les Fleurs du Mal**. *Paris, Poulet-Malassis et de Broise*, 1857, in-12, titre r. et n., br.

Edition originale, avec la couverture.

Exemplaire avec cet envoi autographe sur le faux-titre :

à M. Tenré fils,
Souvenir de bonne camaraderie
CH. BAUDELAIRE.

493. **Baudelaire** (Charles). Les Fleurs du Mal, précédées d'une Notice, par Théophile Gautier (Edition définitive), ornée d'un beau portrait gravé sur acier. *Paris, M. Lévy frères*, 1869, in-12, avec le Complément des pièces condamnées, br., couv.

On y joint : Charles Baudelaire, par MM. A. de La Fizelière et Georges Decaux. *Paris. Librairie de l'Académie des bibliophiles*, 1868, in-16, pap. vergé (Tiré à 350 exemplaires sur ce papier), br., couv. — Alfred de Vigny et Charles Baudelaire. Etude par Etienne Charavay. *Paris*. 1879, pet. in-8, port., br., couv.

494. **Belot** (Adolphe). Mademoiselle Giraud ma femme. *Paris, Dentu*, 1870, in-12, br.

Edition originale, avec la couverture.

On y joint : La Vénus de Gordes, par Adolphe Belot et Ernest Daudet. *Paris, A. Faure*, 1867, in-12, br.

Edition originale, avec la couverture.

495. **Bonnetain** (Paul). Charlot s'amuse... avec une préface par Henry Céard. *Bruxelles, Kistemaeckers, s. d.* (1883), in-12, br.

Edition originale, avec la couverture.

496. **Borrelli** (Vicomte de). Académie Française. Prix de Poésie (1883-1885). Sursum Corda ! par le Vicomte de Borrelli, pièce lue en séance publique le 26 Novembre 1885. *Paris, A. Lemerre*, 1886, plaq. in-4, cart. parch., non rog. (*Howland*).

Edition originale, avec la couverture.

Exemplaire tiré sur PAPIER DE CHINE.

497. **Borrelli** (Vicomte de). Alain Chartier, un acte en vers héroïques. Préface par M. Alexandre Dumas. *Paris, A. Lemerre*, 1889, in-4, pap. de Holl., br.

Édition originale, avec la couverture.

498. **Borrelli** (Vicomte de). Légion Étrangère (poésies). *Paris, A. Lemerre*, 1887, plaq. in-4, pap. de Holl., br.

Édition originale, avec la couverture.

499. **Bouchor** (Maurice). Les Chansons joyeuses.—Les Poèmes de l'Amour et de la Mer. — Le Faust Moderne. — Contes parisiens. — L'Aurore (*Envoi autographe à Jules Barbey d'Aurevilly et une correction autog. de l'auteur aux pages 107 et 141*). — Les Symboles. *Paris, Charpentier*, 1874-1888, 6 vol. in-12, br.

Éditions originales, avec les couvertures.

500. **Bouchor** (Maurice). La Messe en Ré de Beethoven. — Israël en Égypte. — Michel Lando. — La dévotion à Saint André. — Le Songe de Khéyam. — Noël. — La légende Sainte Cécile. — Tobie. — Les Symboles, nouvelle série. *Paris*, 1886-1895, 9 vol. ou broch. in-12.

Éditions originales, avec les couvertures.

501. **Bouchor** (Maurice). Noël ou le Mystère de la Nativité, mis en vers, en quatre tableaux, par Maurice Bouchor, musique de scène de Paul Vidal. *Paris, G. Hartmann et Cie, s. d.*, gr. in-8, br., couv. illust.

On y joint. Maurice Bouchor. Dieu le veut, drame en 5 actes en vers et 6 tableaux, *Paris*, 1888, in-8, br., couv. (*Édit. orig.*).

502. **Bourget** (Paul). Les Aveux, poésies. *Paris, Lemerre*, 1882, in-12, broch.

Édition originale, avec la couverture.

503. **Bourget** (Paul). Cosmopolis. — Outre-Mer, 2 vol. — Une Idylle tragique. *Paris, A. Lemerre*, 1894-1896, 4 vol. in-12, br.

Éditions originales, avec les couvertures.

504. **Bourget** (Paul). Drames de famille. — Le fantôme. *Paris, E. Plon, s. d.*, 2 vol. in-12, br.

Éditions originales, avec les couvertures.

505. **BOURGET** (Paul). Edel, poëme. *Paris, Lemerre*, 1878, in-12, br.

Edition originale, avec la couverture.
Rare.

506. **Bourget** (Paul). Essais de psychologie contemporaine. — Nouveaux essais (*envoi autographe signé à M. Pellerin*). — Etudes et Portraits, 2 vol. — Pastels et Nouveaux Pastels, 2 vol. — Physiologie de l'Amour moderne. — Sensation d'Italie. *Paris, A. Lemerre*, 1883-1891, 8 vol. in-12, br.

Editions originales, avec les couvertures.

507. **Bourget** (Paul). L'irréparable. — Cruelle énigme. — Un crime d'Amour. — André Cornélis. *Paris, A. Lemerre*, 1884-1887, 4 vol. in-12, br.

Éditions originales, avec les couvertures.

508. **Bourget** (Paul). Mensonges. — Le Disciple. — Un Cœur de Femme. — La Terre promise. *Paris, A. Lemerre*, 1887-1892, 4 vol. in-12, br.

Editions originales, avec les couvertures.
On y joint : Mensonges, pièce tirée du roman de P. Bourget par Léopold Lacour et Pierre de Courcelle. *Paris, Lemerre*, 1890, in-12, br. couv. (*Edit. orig.*)

509. **Bourget** (Paul). Recommencements. — Voyageuses. — La Duchesse bleue. *Paris, A. Lemerre*, 1897-1898, 3 vol. in-12, br.

Editions originales, avec les couvertures.

510. **Bourget** (Paul). La Vie inquiète. *Paris, Alphonse Lemerre*, 1875, in-12, cart. dos et coins de maroq. bleu, non rogné (*Carayon*).

Edition originale, avec la couverture.

511. **Brieux**. Les Avariés, pièce en trois actes (Interdite par la Censure). *Paris, P.-V. Stock*, 1902, in-12, br.

Edition originale, avec la couverture.

512. **Bruant** (Aristide). Dans la Rue. Chansons et Monologues. Dessins de Steinlen. *Paris, Aristide Bruant, Auteur-Editeur, s. d.*, 2 vol. in-12, br., couv. imp. en couleurs.

Editions originales, avec les couvertures.
On y joint : Sur la Route, Chansons et Monologues, dessins de Borgex.

Paris, Aristide Bruant, Auteur-Editeur, Chateau de Courtenay, s. d., in-12, br., couv. (*Edit. orig.*), et l'Affiche d'intérieur pour le premier volume de *Dans la Rue* avec un dessin de Steinlen.

513. **Champfleury**. Contes. — Chien-Caillou — Pauvre Trompette — Feu Miette. *Paris, M. Lévy frères*, 1851 (*Envoi autographe de Michel Lévy, à son ami Verteuil*). — Contes d'Eté. — Les Souffrances de M. le professeur Delteil — Les Trios des Chenizelles — Les Ragotins. *Paris, V. Lecou*, 1853 (*Envoi autographe signé de l'auteur à son cher Verteuil*). — Contes d'Automne. — Le Chien des Musiciens — Souvenirs des Funambules — Histoire de Madame d'Aigrizelles — Le Comédien Trianon — Les Propos amoureux — Les Gras et les Maigres. *Paris, V. Lecou*, 1854 (*Envoi autographe signé de l'auteur à son cher Verteuil*). *Paris*, 1851-1854, 3 vol. in-12, br.

Editions originales, avec les couvertures.

514. **Champfleury**. Monsieur de Boisdhyver, avec quatre eaux-fortes dessinées et gravées par Amand Gautier. *Paris, Poulet-Malassis et de Broise*, 1860, gr. in-12, br., couv. illust.

515. **Champfleury**. Le Musée secret de la Caricature. *Paris, Dentu*, 1888, in-12, fig., br.

Edition originale, avec la couverture.

516. **Champfleury**. Le Violon de Faïence — L'Avocat qui trompe son client — Les Amis de la nature — Les Enfants du professeur Turck. *Paris, J. Hetzel. — Librairie Claye, s. d.*, in-12, br.

Edition originale, avec la couverture.
Envoi autographe signé à Mr Boniface.

517. **Champsaur** (Félicien). Œuvres illustrées, 7 vol. ou broch. in-8 et in-12, br.

Editions originales, avec les couvertures.
Lulu. — La Gomme. — Les Bohémiens. — Les Ereintés de la Vie. — Entrée de Clowns. — Cerveau de Paris. — Le Massacre.

518. **Cherbuliez** (Victor). A propos d'un Cheval. Causeries Athéniennes. *Genève et Paris, J. Cherbuliez*, 1860, in-8, planche hors texte (photographie), br.

Edition originale, avec la couverture.

519. **Cherbuliez** (Victor). L'Allemagne politique, depuis la paix de Prague (1866-1870). *Paris, Hachette et Cie*, 1870, in-8, br. n. c., couverture papier.

Édition originale. Rare.

520. **Cladel** (Léon). Mes Paysans. La Fête Votive de Saint-Barthólomée Porte-Glaive, avec un Premier-Paris de M. Louis Veuillot. — Crête-Rouge. *Paris, A. Lemerre*, 1872-1880, 2 vol. in-12, br.

Editions originales, avec les couvertures.

521. **Cladel** (Léon). Les Va-nu-Pieds, illustrés par MM. F. Régamey, D. Vierge, H. Guérard, Hanriot, J. Lubin, etc., etc. *Paris, R. Lesclide, s. d.*, gr. in-8, pap. teinté, br., couv. illust.

522. **Claretie** (Jules). Romans et Théâtre, 1863-1885. 10 vol. in-8 et in-12, br.

Editions originales, avec les couvertures.

Pierville. Histoire de village (*Envoi autog. signé à M. Dentu*). — Les Ornières de la Vie. — Le dernier baiser. — Un Assassin (*Envoi autog. à M. René Lefèbvre*). — Mademoiselle Cachemire. — Madeleine Bertin (*Envoi à M. Georges Guérouit*). — Monsieur le Ministre (*Envoi autog. à Ch. de La Rounat*). — Le Million (*Envoi autog. à Léon Chapron*) — Monsieur le Ministre. Comédie en 5 actes (*Envoi autog. à M. Derval*).— Le Prince Zilah, pièce en cinq actes.

523. **Collection Hetzel, Didier, Michel Lévy,** 5 vol. in-16, br., couv.

La Marquise, par Georges Sand, suivi de la Fauvette du Docteur, par le même auteur. 1853. — H. de Balzac. Les Fantaisies de Claudine. 1853. — Léon Gozlan. Comment on se débarrasse d'une Maîtresse, avec une préface sur la légèreté française. 1853. — Jules Lecomte. Un Voyage de Désagréments à Londres. 1853. — Ballades et Fantaisies, par Henry Murger. 1854.

524. **Colombier** (Marie). Les Mémoires de Sarah Barnum, avec une Préface par Paul Bonnetain. *Paris, chez tous les libraires, s. d.*, in-12, br.

Edition originale sans aucune suppression, couverture illustrée.

On y joint : Marie Colombier. Le Voyage de Sarah Bernhardt en Amérique, etc. *Paris, M. Dreyfous, s. d.*, in-12, br. — Affaire Marie Colombier Sarah Bernhardt. Pièces à conviction, avec portrait de Marie Colombier. *Paris, chez tous les libraires*, 1884, in-12, br. — La Vie de Marie Pigeonnier, par un de ses ***. Préface de J. Michepin. *Paris*, 1884, in-12, br.

525. **Coppée** (François). L'Exilée, poésies. *Paris, A. Lemerre*, 1877, pet. in-4, titre r. et n., texte encadré de fil. rouges, br.

Edition originale, avec la couverture.
Exemplaire tiré sur papier vergé.

526. **Coppée** (François). Œuvres diverses, 15 vol. ou broch. in-4, in-8 et in-12, br., couv. en éditions originales.

Le Reliquaire (*Envoi autog. à M. Henri Nicolle*).— Intimités (*Envoi autog. à M. Xavier Aubryet*). — Poèmes Modernes (*Envoi autog. à M. Thiénot*). — La Grève des Forgerons, (*Ex. sur pap. de Holl.*). — Lettres d'un Mobile breton. — Plus de sang. — Fais ce que dois (*Envoi autog. à M. Provost*). — Les Humbles. — Le Cahier rouge (*Envoi à M. J. Rousset*). — Le Passant. — L'Asile de Nuit. — La bataille d'Hernani. — Le Trésor (*Envoi autog. à M. Jules Sandeau*). — Contes en vers (*Envoi autog. à M. Jules Sandeau*). — Vingt Contes nouveaux (*Envoi autog. à M. Aug. Vacquerie*).

527. **Daudet** (Alphonse). Les Amoureuses, poésies. *Paris, J. Tardieu*, 1858, in-16, demi-rel. dos et coins de mar. bleu, tête dor., non rog.

Edition originale.
TRÈS RARE EXEMPLAIRE imprimé sur PAPIER VERGÉ DE HOLLANDE (*Voir Brivois, Bibliographie des Œuvres d'Alphonse Daudet*).

528. **Daudet** (Alphonse). Les Amoureuses, poésies. *Paris, J. Tardieu*, 1858, in-16, br.

Edition originale, avec la couverture.

529. **Daudet** (Alphonse). Les Amoureuses. Nouvelle édition. *Paris, J. Tardieu*, 1863, in-16, br., couv.

Edition en partie originale.
L'un des quelques exemplaires tirés sur PAPIER ROSE.

530. **Daudet** (Alphonse). Les Amoureuses. Nouvelle édition. *Paris, J. Tardieu*, 1863, in-16, br., couv.

Envoi autographe signé de l'auteur à M. Ferd. Bravay.
On y joint : Les Amoureuses, poèmes et fantaisies (1857-1861). Nouvelle édition. *Paris, Charpentier*, 1873, in-12, br., couv.

531. **DAUDET** (Alphonse). Aventures prodigieuses de Tartarin de Tarascon. *Paris, E. Dentu*, 1872, in-12, br.

Edition originale, avec la couverture. Rare.

532. **Daudet** (Alphonse). Contes du Lundi. *Paris, A. Lemerre*, 1873, in-12, br.

Edition originale, avec la couverture.

533. **Daudet** (Alphonse). La Double Conversion, conte en vers. *Paris, Poulet-Malassis et de Broise*, 1861, in-16, front. à l'eau-forte, tiré sur papier de Chine volant, broché.

Édition originale, avec la couverture.
TRÈS RARE EXEMPLAIRE avec le frontispice en 3 états et un envoi autographe signé de l'auteur à Madame Camille.
Le véritable premier tirage de l'eau-forte est celui sur papier jaunâtre, les deux autres ont été faits plus tard et la planche paraît avoir été retouchée car les deux gravures ne se superposent pas exactement. Les nouveaux tirages paraissent plus grands d'un millimètre ou deux.

534. **Daudet** (Alphonse). Les Femmes d'Artistes. Avec une Eau-forte de A. Gill. Première série. *Paris, A. Lemerre*, 1874. in-12, br.

Edition originale, avec la couverture.
Envoi autographe signé de l'auteur, à Ludovic Halévy.

535. **Daudet** (Alphonse). Fromont jeune et Risler aîné. Mœurs parisiennes. *Paris, Charpentier et Cie*, 1874, in-12, br.

Edition originale, avec la couverture.

536. **Daudet** (Alphonse). L'Immortel, mœurs parisiennes. — La Petite Paroisse, mœurs conjugales.— Soutien de Famille, mœurs contemporaines. *Paris, Lemerre - Charpentier*, 1888-1898, 3 vol. in-12, br.

Editions originales, avec les couvertures.

537. **Daudet** (Alphonse). Lettres à un absent. Paris (1870-1871). *Paris, A. Lemerre*, 1871, in-12, cart. dos et coins de mar. bleu à long grain, non rog.

Edition originale, avec la couverture au millésime de 1872.

538. **Daudet** (Alphonse). Lettres de mon Moulin. Impressions et Souvenirs. *Paris, J, Hetzel et Cie, s. d.*, in-12, br.

Edition originale, avec la couverture.
On a ajouté un titre de la sixième édition avec un envoi autographe signé.

539. **Daudet** (Alphonse). Le Nabab, mœurs parisiennes. *Paris, Charpentier*, 1877, in-12, br.

Edition originale, avec la couverture au millésime de 1878.

540. **Daudet** (Alphonse). Numa Roumestan, mœurs parisiennes. *Paris, Charpentier*, 1881, in-12, br.

Edition originale, avec la couverture.

541. **Daudet** (Alphonse). L'Obstacle. Pièce en 4 actes. Illustrations de Bieler, Gambard, Marold et Montégut. *Paris, E. Flammarion, s. d.*, in-12, br.

Edition originale, avec la couverture illustrée.
On y joint : Alphonse Daudet et Léon Hennique, La Menteuse, pièce tirée de la nouvelle publiée par Alphonse Daudet. Illustrations de Myrbach. *Paris, E. Flammarion, s. d.*, in-12, br. — Alphonse Daudet. Théâtre (Troisième série). Sapho. — Jack. — Le Nabab. *Paris, E. Fasquelle*, 1899, in-12, br.
Editions originales, avec les couvertures.

542. **Daudet** (Alphonse). Le Petit Chose. Histoire d'un enfant. *Paris, J. Hetzel*, 1868, in-12, br.

Edition originale, avec la couverture.

543. **Daudet** (Alphonse). Robert Helmont, études et paysages. 1874. — Jack, mœurs contemporaines. 1876, 2 vol. — L'Evangéliste, roman parisien. 1883 (*Envoi autographe signé à Panurge Champsaur*). *Paris, Dentu*, 1874-1883, 4 vol. in-12, br.

Editions originales, avec les couvertures.

544. **Daudet** (Alphonse). Les Rois en Exil, roman parisien. *Paris, E. Dentu*, 1879, in-12, br.

Edition originale, avec la couverture.
Photographies d'Alphonse Daudet et article de journal ajoutés.

545. **Daudet** (Alphonse). Le Roman du Chaperon-Rouge, scènes et fantaisies. *Paris, M. Lévy frères*, 1862, in-12, br.

Edition originale, avec la couverture.

546. **Daudet** (Alphonse). Rose et Ninette. Mœurs du jour. Avec un frontispice de Marold. *Paris, E. Flammarion, s. d.* (1892), in-12, br.

Collection Guillaume.
Edition originale, avec la couverture illustrée.

547. **Daudet** (Alphonse). Sapho, mœurs parisiennes. *Paris, Charpentier et Cie*, 1884, in-12, br.

Edition originale, avec la couverture.
Envoi autographe signé à René Maizeroy.

548. **Daudet** (Alphonse). Théâtre. 6 vol. ou broch. in-12, br.

Editions originales, avec les couvertures.
L'Arlésienne. — Numa Roumestan. — Les Absents. — Le Sacrifice. — Lise Tavernier. — La lutte pour la Vie.

549. **Daudet** (Alphonse). Théâtre, en collaboration avec MM. Belot, Delair, Arène, Lépine, etc. 9 vol. in-8 et in-12, br., couv.

Editions originales. Les Rois en exil. — Le Char. — Le Nabab. — La dernière idole. — Fromont jeune et Risler aîné. — L'Œillet blanc. — Le frère aîné. — Jack. — Sapho.

550. **Daudet** (Mme Alphonse). Impressions de Nature et d'Art 1879 (*Envoi autographe signé à Mme Jules Sandeau*). — Enfants et Mères. 1889. — Journées de femmes. Alinéas. 1898. — Fragments inédits. *S. d.* — L'Enfance d'une Parisienne. *s. d. Paris, Charpentier. — Lemerre. — Chararay frères*, 1879-1898, 5 vol. in-12 et in-16, br.

Editions originales, avec les couvertures.

551. **Daudet** (Léon A.). Les Morticoles. 1894. — Les " Kamtchatka " mœurs contemporaines. 1895. — Alphonse Daudet. 1898. *Paris, Charpentier et Fasquelle*, 1894-1898, 3 vol. in-12, br.

Editions originales, avec les couvertures.

552. **Daudet** (Ernest). Mon Frère et Moi. Souvenirs d'enfance et de jeunesse. *Paris, E. Plon et Cie*, 1882, in-12, br.

Edition originale, avec la couverture.

553. **Déroulède** (Paul). Œuvres, 11 vol. ou broch. in-12 et in-16, br.

Editions originales, avec les couvertures.
Juan Strenner, drame. 1869 (*Envoi autographe signé à M. Jules Verteuil*), — Chants du Soldat. 1872. — Sur Corneille. 1873. — Nouveaux Chants du Soldat. 1875. — L'Hetman, drame. 1877 (*Envoi autographe signé à Jules Sandeau*). — Pro Patria, stances. 1879 — La Moabite, drame. 1881 (*Envoi autographe signé à M. Paul Parfait*). — Marches et Sonneries. 1881 (*Envoi autographe signé à M. Camille Farcy*). — Refrains Militaires. 1889. — Chants du Paysan 1894. — Messire Du Guesclin, drame en vers. 1896.

554. **Descaves** (Lucien). La Caserne. Misères du Sabre. 1887 (*Envoi autographe signé à Paul Bonnetain*). — Sous-Offs, roman militaire. 1889. *Paris, Tresse et Stock*, 1887-1889, 2 vol. in-12, br.

Editions originales, avec les couvertures.

555. **Dornis** (Jean). Les Frères d'Election. Illustrations de

Myrbach, gravées sur bois par F. Steinmann. *Paris, P. Ollendorff*, 1896, pet. in-8, br., couv. illust.

Edition originale, avec la couverture.
L'un des **60** exemplaires tirés sur PAPIER DE CHINE (n° 51).

556. **Droz** (Gustave). Monsieur, Madame et Bébé. — Entre Nous, par l'auteur de Mr, Mme et Bébé. — Le Cahier Bleu de Mlle Cibot. *Paris, J. Hetzel*, 1866-1868, 3 vol. in-12, br.

Editions originales, avec les couvertures.

557. **Droz** (Gustave). Autour d'une Source.— Babolain. — Les Etangs. — Une Femme gênante. *Paris, J. Hetzel et Cie*, 1872 et *s. d.*, 4 vol. in-12, br.

Editions originales, avec les couvertures.

558. **Droz** (Gustave). Un paquet de lettres. *Paris, Hetzel, s. d.* — Les Crises de Monseigneur (*extrait*). — L'Enfant. *Paris, Havard*, 1885. — Tristesses et Sourires. *Paris, Havard*, 1884. Ensemble 4 vol. in-12, br.

Editions originales, avec les couvertures.

559. **Dubut de Laforest.** Le Gaga, mœurs parisiennes. *Paris, Dentu*, 1886, in-12, br.

Edition originale, avec la couverture.
Envoi autographe signé à M. Pellerin.

560. **Dumas fils** (Alexandre). Antonine. *Paris, M. Lévy frères*, 1854, in-12, br.

Edition originale, avec la couverture.

561. **Dumas fils** (Alexandre). Un cas de rupture, ouvrage inédit. *Paris, Librairie Nouvelle*, 1854, pet. in-12, br.

Edition originale, avec la couverture.

562. **Dumas fils** (Alexandre). La Dame aux Camélias, préface par M. Jules Janin. *Paris, A. Cadot*, 1851, in-12, br.

Edition originale de ce format, avec la couverture.

563. **Dumas fils** (Alexandre). La Dame aux Camélias, pièce en cinq actes, mêlée de chant. Troisième édition, augmentée d'une préface. *Paris, D. Giraud et J. Dagneau*, 1852. — Les Madeleines repenties, Refuge Sainte-Anne, 31, rue du

Landy (Clichy-la-Garenne). *Paris, E. Dentu*, 1869 (*Edition originale, avec Envoi autographe signé à Madame de Beaulieu*). — Ens. 2 vol. ou broch. in-12, br., couv.

564. **Dumas fils** (Alexandre). La Dame aux Perles. *Paris, Librairie nouvelle*, 1854, in-12, br.

Edition originale, avec la couverture.

565. **Dumas fils** (Alexandre). Le Demi-Monde, comédie en cinq actes, en prose. *Paris, M. Lévy frères*, 1855, in-12, br.

Edition originale, avec la couverture.

566. **Dumas fils** (Alexandre). Denise, pièce en quatre actes. — Francillon, pièce en trois actes. *Paris, Calmann-Lévy*, 1885-1887, 2 vol. in-8, br.

Editions originales, avec les couvertures.
On y joint. H. de La Pommeraye. Critique de Francillon. *Paris*, 1887, in-12, br., couv. (*Edit. orig.*).

567. **Dumas fils** (Alexandre). Diane de Lys, comédie en cinq actes, en prose. *Paris, D. Giraud*, 1853, in-12, br.

Edition originale, avec la couverture au millésime de 1854.

568. **Dumas fils** (Alexandre). L'Etrangère, comédie en cinq actes. *Paris, Calmann-Lévy*, 1877, in-8, br.

Edition originale, avec la couverture.

569. **Dumas fils** (Alexandre). Histoire du Supplice d'une Femme. Réponse à M. Emile de Girardin, 1865. — La Femme de Claude, pièce en trois actes, précédée d'une préface, 1873 (*Envoi autographe signé à M. Duval*). *Paris, M. Lévy frères*, 1865-1873, 2 vol. in-8, br.

Editions originales, avec les couvertures.
On y joint. Le Supplice d'une femme, drame en trois actes avec une préface par E. de Girardin. *Paris, Michel Lévy frères*, 1865, in-8, br., couv. (*Edit. orig.*).

570. **Dumas fils** (Alexandre). Les Idées de Mme Aubray, comédie en quatre actes, en prose. *Paris, M. Lévy frères*, 1867, in-8, br.

Edition originale, avec la couverture.

571. **Dumas fils** (Alexandre). Monsieur Alphonse, pièce en trois actes. *Paris, M. Lévy frères*, 1874, in-8, br.

Edition originale, avec la couverture.

572. **Dumas fils** (Alexandre). Péchés de jeunesse. *Paris, Fellens et Dufour*, 1847, in-8, cart. dos de vél. blanc, non rog. (*Lemardeley*).

Edition originale, avec la couverture.
Exemplaire absolument non rogné.
Deux lettres autographes ajoutées.

573. **Dumas fils** (Alexandre). Péchés de jeunesse. *Paris, Fellens et Dufour*, 1847, in-8, br.

Edition originale, avec la couverture.
Envoi autographe signé de l'auteur à Bénédict Masson.

574. **Dumas fils** (Alexandre). La Princesse de Bagdad, pièce en trois actes. *Paris, Calmann Lévy*, 1881, in-8, br.

Edition originale, avec la couverture.

575. **Dumas fils** (Alexandre). La Question d'Argent, comédie en cinq actes, en prose, 1857, — Le Fils Naturel, comédie en cinq actes, dont un prologue, 1858 (*Envoi autographe signé à M. Blondel*). *Paris, Charlieu*, 1857-1858, 2 vol. in-12, br.

Editions originales, avec les couvertures.

576. **Dumas fils** (Alexandre). Thérèse. *Paris, M. Lévy frères*, 1875, in-12, br.

Edition originale, avec la couverture.

577. **Dumas fils** (Alexandre). Tristan Le Roux. *Paris, A. Cadot et Degorce, s. d.*, in-12, br. (*Mouillures*).

Edition originale in-12, avec la couverture.

578. **Dumas fils** (Alexandre). La Vie à Vingt ans. *Paris, M. Lévy frères*, 1854, in-12, br.

Edition originale, avec la couverture.

579. **Dumas fils** (Alexandre). Une Visite de Noces, comédie en un acte. *Paris, M. Lévy frères*, 1872, in-12, br.

Edition originale, avec la couverture.
On y joint : H. de la Pommeraye. Critique de la Visite de Noces. *Paris*, 1871, in-12, br., couv. (*Edit. orig.*).

580. **FABRE** (Ferdinand). L'Abbé Tigrane candidat à la Papauté. *Paris, A. Lemerre*, 1873, in-12, br.

Edition originale, avec la couverture.

581. **Fabre** (Ferdinand). Barnabé. *Paris, Dentu*, 1875, in-12, br.

Edition originale, avec la couverture.

582. **Fabre** (Ferdinand). Le Chevrier. *Paris, Hachette et Cie*, 1867, gr. in-12, titre r. et n., br.

Edition originale, avec la couverture.

583. **Fabre** (Ferdinand). Les Courbezon. *Paris, Bureaux du Siècle, s. d.*, gr. in-8, à 2 col., br., couv.

Edition originale, avec la couverture.

584. **Fabre** (Ferdinand). Les Courbezon, scènes de la vie cléricale. *Paris, Hachette et Cie*, 1862, in-12, br.

Edition originale in-12, avec la couverture.

585. **Fabre** (Ferdinand). Feuilles de Lierre (poésies). *Paris, Charpentier*, 1853, in-12, br.

Edition originale, avec la couverture.

586. **Fabre** (Ferdinand). L'Hospitalière, drame rustique, en cinq journées. *Paris, Charpentier*. 1880, in-12, br.

Edition originale, avec la couverture.
Envoi autographe signé à M. A. Delpit.

587. **Fabre** (Ferdinand). Scènes de la vie cléricale. Julien Savignac. *Paris, Hachette et Cie*, 1863, in-12, br.

Edition originale, avec la couverture.

588. **Fabre** (Ferdinand). Le Roman d'un Peintre. *Paris, Charpentier*, 1878, in-12, br.

Edition originale, avec la couverture.
Ce roman contient la biographie du peintre Jean-Paul Laurens.
On y joint : Ferdinand Fabre. L'Abbé Roitelet. Edition originale, avec des illustrations importantes de Jean-Paul Laurens, publiée par le journal « Le Figaro » 28 Décembre 1889.

589. **Fabre** (Ferdinand). Madame Fuster. *Paris, Charpentier et Cie*, 1887, in-12, br.

Edition originale, avec la couverture.
Très jolie lettre autographe signée, se rapportant à l'ouvrage, ajoutée.

590. **Fabre** (Ferdinand). Mademoiselle de Malavieille. *Paris, Hachette et Cie*, 1865, in-12, br.

Edition originale, avec la couverture.

591. **Fabre** (Ferdinand). Le Marquis de Pierrerue. La Rue du Puits-qui-parle, 1874 (*Envoi autographe signé à M. L. Caillé*). — Le Carmel de Vaugirard. 1874. *Paris, Dentu*, 1874, 2 vol. in-12, br.

Editions originales, avec les couvertures.

592. **Fabre** (Ferdinand). La Petite Mère. — La Paroisse du Jugement dernier. — Le Calvaire de la baronne Fuster. — Le Combat de la Fabrique Bergonnier. — L'Hospice des Enfants-Assistés. *Paris, Dentu*, 1877, 4 vol. in-12, br.

Editions originales, avec les couvertures.
Envoi autographe signé à M. H. Fournier.

593. **Feuillet** (Octave). Monsieur de Camors. — Histoire de Sybille. — Un Mariage dans le Monde. — Les Amours de Philippe. — Le Journal d'une femme.— Histoire d'une Parisienne. — La Veuve. — La Morte. — Honneur d'Artiste. *Paris, Calmann Lévy*, 1863-90, 9 vol. in-12, br.

Editions originales, avec les couvertures.

594. **FEUILLET** (Octave). Le Roman d'un jeune homme pauvre. *Paris, M. Lévy frères*, 1858, In-12, br.

Edition originale, avec la couverture.
TRÈS RARE.

595. **Feuillet** (Octave). Le Roman d'un jeune homme pauvre, comédie en cinq actes et sept tableaux. *Paris, M. Lévy frères*, 1859, in-12, br.

Edition originale, avec la couverture.

596. **Feuillet** (Octave). Scènes et Proverbes. — Bellah. — La petite Comtesse. *Paris, Michel Lévy*, 1851-1857, 3 vol. in-12. br.

Editions originales, avec les couvertures.

597. **Feuillet** (Octave). Théâtre 1845-1860. 10 pièces in-12, br.

Editions originales, avec les couvertures.
Un Bourgeois de Rome. — Le Pour et le Contre.— La Cure. — Péril en la demeure. — Le Village. — La Fée. — Dalila. — Scènes et Comédies. 1858. (*Envoi autog. signé à M. Emile Montégut*). — Le Cheveu blanc. — La Tentation.

598. **Feuillet** (Octave). Théâtre 1861-1890. 11 pièces in-12 et in-8 br.

Editions originales, avec les couvertures
Rédemption. — Montjoye. — La Belle au bois dormant. — Le Cas de Conscience. — Julie. — Le Sphinx. — Un Roman parisien. — Les portraits de la Marquise. — La partie de dames. — Chamillac. — Salammbô.

599. **Feuillet** (Octave). Théâtre en collaboration avec MM. Paul Bocage et Louis Gallet. 1846-1877, 7 pièces in-8 et in-12 br.

Editions originales.
Echec et mat (2 ex.). — Palma. — La Vieillesse de Richelieu (2 ex.). — York. — La Clef d'Or.

600. **FLAUBERT** (Gustave). Bouvard et Pécuchet, Œuvre posthume. *Paris, Lemerre*, 1881, in-12, br.

Edition originale, avec la couverture.

601. **Flaubert** (Gustave). Le Candidat, comédie en quatre actes. *Paris, Charpentier*, 1874, in-16 carré, br.

Edition originale, avec la couverture.
On y joint : Lettre de M. Gustave Flaubert à la Municipalité de Rouen au sujet d'un vote concernant Louis Bouilhet. *Paris, M. Lévy frères* 1872, plaq. in-8, br. — Charles Richard. Chenonceaux et Gustave Flaubert. *Tours. Deslis frères*. 1887. in-16. de 63 pp. br.
Editions originales, avec les couvertures.

602. **Flaubert** (Gustave). Correspondance. — Première série (1830-1850). — Troisième série (1854-1869). — Quatrième série (1869-1880). *Paris, Charpentier et Fasquelle*, 1887-1893, 3 vol. in-12, br.

Editions originales, avec les couvertures

603. **Flaubert** (Gustave). L'Education sentimentale.— Histoire d'un jeune homme. *Paris, M. Lévy frères*, 1870, 2 vol. in-8, br.

Edition originale, avec les couvertures.
Envoi autographe signé de l'auteur.

604. **Flaubert** (Gustave). Lettres de Gustave Flaubert à George Sand, précédées d'une étude par Guy de Maupassant. *Paris, Charpentier*, 1884, in-12, br.

Edition originale, avec la couverture.

605. **Flaubert** (Gustave). Madame Bovary. — Mœurs de province. *Paris, M. Lévy frères*, 1857, 2 vol. in-12, br.

Edition originale, avec les convertures conservées.

606. **Flaubert** (Gustave). Madame Bovary, mœurs de province. Edition définitive, suivie des réquisitoire, plaidoirie et jugement du Procès intenté à l'Auteur devant le Tribunal correctionnel de Paris, audiences des 31 janvier et 7 février 1857. *Paris, Charpentier*, 1873, in-12, br., couv.

On y joint : Gustave Flaubert Théâtre. — Le Candidat.— Le Château des Cœurs. *Paris, A. Lemerre*, 1885, pet. in-12, portr. de l'auteur, gravé à l'eau-forte par L. Monziès, d'après E. de Liphart, br., couv.
Première édition pour le Château des Cœurs.

607. **Flaubert** (Gustave). Par les Champs et par les Grèves (Voyage en Bretagne), accompagné de mélanges et fragments inédits. *Paris, Charpentier*, 1886, in-12, br.

Edition originale, avec la couverture.

608. **FLAUBERT** (Gustave). **Salammbô**. *Paris, M. Lévy frères*, 1863, in-8, br.

Edition originale, avec la couverture.

609. **Flaubert** (Gustave). La Tentation de Saint Antoine. *Paris, Charpentier et Cie*, 1874, in-8, br.

Edition originale, avec la couverture.
On y joint le faux titre d'un exemplaire portant cet envoi : *A mon ami Paul de Saint-Victor*. Gustave Flaubert.
Ex-libris de la Bibliothèque de P. de Saint-Victor.

610. **Flaubert** (Gustave). Trois Contes. — Un Cœur simple. — La Légende de Saint-Julien l'Hospitalier. — Hérodias. *Paris, Charpentier*, 1877, in-12, br.

Edition originale, avec la couverture.

611. **Flaubert**. Souvenirs sur Gustave Flaubert. Texte et illustrations par Caroline Commanville. *Paris, A. Ferroud*, 1895, in-8, br., couv.

Tiré à 500 exemplaires numérotés (n° 239).
L'un des 430 sur papier vélin.

612. **France** (Anatole). Histoire Contemporaine. Le Mannequin d'Osier. 1897. — L'Orme du Mail. 1897. — L'Anneau

d'Améthyste. 1899. — Monsieur Bergeret à Paris, s. d. *Paris, Calmann Lévy*, 1897-1899. — Ensemble 4 vol. in-12, br.

Editions originales, avec les couvertures.

613. **France** (Anatole). Pierre Nozière. *Paris, A. Lemerre*, 1899, in-12, br.

Edition originale, avec la couverture.

614. **Gautier** (Théophile). L'Art Moderne. *Paris, M. Lévy frères*, 1856, in-12, br.

Edition originale, avec la couverture.

615. **Gautier** (Théophile). Emaux et Camées. *Paris, E. Didier*, 1852, in-16, br.

Edition originale, avec la couverture.

616. **Gautier** (Théophile). Partie carrée, roman. *Paris, H. Souverain*, 1851, 3 vol. in-8, br. (*Brochure fatiguée*).

Première édition française sous ce titre, avec les couvertures.
Manque les faux titre et titre du tome 2. Déchirures à Qq. feuillets.

617. **Gautier** (Théophile). Le Roman de la Momie. *Paris, Hachette et Cie*, 1858, in-12, br.

Edition originale, avec la couverture.

618. **Gérard** (Dr J.). Nouvelles Causes de Stérilité dans les deux sexes. Fécondation artificielle comme moyen ultime de traitement. Illustré de 200 gravures par José Roy. — La Grande Névrose. Illustré par José Roy. *Paris, Marpon et Flammarion*, 1888-1889, 2 vol. in-12, br.

Editions originales, avec les couvertures illustrées.

619. **Gill** (André). La Muse à Bibi. *Paris, Marpon et Flammarion*, 1881, in-16, pap. vergé, br., couv. illust.

Figure frontispice par André Gill.
On y joint. André Gill. Vingt Années de Paris, avec une préface par Alphonse Daudet. *Paris, Marpon et Flammarion*, 1883, in-12, portr. et planches hors texte, br.
Edition originale, avec la couverture.

620. **Glatigny** (Alb.). Les Flèches d'Or, poésies. *Paris, F. Henry*, 1864, in-12, broché.

Edition originale, avec la couverture.

621. **Goncourt** (E. et J. de). Armande. Illustrations de Marold. *Paris, Dentu,* 1892. in-16, pap. vél. de cuve des Papeteries du Marais, mar. bleu, fil. à froid, milieux dor. avec les initiales E.-J. entrelacées, doublé et gardes de satin avec feuillage et fleurs dor., mors de mar. bleu. doubles gardes, tr. dor. sur brochure, couv. (*Ch. Meunier*).

« Deuxième édition des Actrices. Exemplaire contenant tous les *fumés* des bois gravés du petit volume ». E. de G.

Exemplaire provenant de la Bibliothèque des Goncourt.

622. **Goncourt** (E. et J. de) et Cornélius **Holf**. Mystères des Théâtres, 1852. *Paris, Librairie Nouvelle,* 1853, in-8, texte encadré d'un fil. noir, br.

Edition originale, avec la couverture.

623. **Goncourt** (E. et J. de). En 18 . . *Paris, Dumineray,* 1851, in-12, broché.

Édition originale, avec la couverture.

Ce Livre, premier ouvrage des Auteurs, a été publié le 2 Décembre 1851 jour du coup d'État.

Il a été tiré à 1,000 exemplaires, 84 ont été distribués ou vendus, le reste de l'édition a été détruit.

Un coin de la couverture a été coupé, c'était probablement un envoi parce que l'on voit encore les traces et la fin du paraphe.

624. **Goncourt** (E. et J. de). En 18 . ., avec une préface d'Edmond de Goncourt, et un portrait des Auteurs, gravé par A. Descaves, *Bruxelles, Kistemackers,* 1851-1884, in-12, br., couv.

Edition définitive. — Exemplaire avec envoi autographe d'Edmond de Goncourt à Barbey d'Aurevilly.

625. **Goncourt** (E. et J. de). Gavarni, l'homme et l'œuvre. Ouvrage enrichi du portrait de Gavarni, gravé à l'eau-forte par Flameng, d'après un dessin de l'artiste et d'un fac-simile d'autographe. *Paris, H. Plon,* 1873, in-8, br.

Edition originale, avec la couverture.

On y joint. Edmond et Jules de Goncourt. L'Italie d'hier. Notes de Voyages (1855-1856). Entremêlées des croquis de Jules de Goncourt jetés sur le carnet de voyage. *Paris, Charpentier et Fasquelle,* 1894, in-12, br., couv. illust.

Envoi autographe signé de Edmond de Goncourt, à Marcel Schwob.

626. **Goncourt** (E. et J. de). Les Hommes de Lettres. *Paris, Dentu,* 1860, in-12, br.

Edition originale, avec la couverture.

627. **Goncourt** (E. et J. de). Journal des Goncourt. Mémoires de la Vie littéraire. *Paris. Charpentier et Cie.* 1887-1896, 9 vol. in-12 brochés.

Editions originales, avec les couvertures.

628. **Goncourt** (E. et J. de). La Lorette, avec un Dessin de Gavarni, gravé par Jules de Goncourt. *Paris, Charpentier*, 1883, in-16 carré, titre r. et n., texte encadré de fil. rouges, br., couv.

L'un des **50** exemplaires tirés sur PAPIER DU JAPON (n° 37) avec triple épreuve de la gravure sur Japon, chine et hollande en *rouge*, en *bistre* et en *noir*.

629. **Goncourt** (E. et J. de). Madame Gervaisais. *Paris, A. Lacroix, Verboeckhoven et Cie*, 1869, in-8, br.

Edition originale, avec la couverture.

630. **Goncourt** (E. et J. de). Manette Salomon. *Paris, A. Lacroix et Cie*, 1867, 2 vol. in-12, br.

Edition originale. avec les couvertures.

631. **Goncourt** (E. et J. de). Pages retrouvées. Préface de Gustave Geffroy. — Préfaces et Manifestes littéraires. *Paris, Charpentier*, 1886-1888, 2 vol. in-12, br.

Éditions originales, avec les couvertures.

632. **Goncourt** (E. et J. de). Renée Mauperin. — Germinie Lacerteux. *Paris, Charpentier*, 1864-1865, 2 vol. in-12, br.

Editions originales. avec les couvertures.

633. **Goncourt** (E. et J. de). Sœur Philomène. *Paris, Librairie nouvelle*, 1861, in-12, br.

Édition originale, avec la couverture.

634. **Goncourt** (E. et J. de). La Révolution dans les mœurs. *Paris, Dentu*, 1854, plaq., in-12, br.

Edition originale, avec la couverture.
Envoi autographe signé à M. Ch Monselet.
On y joint. Edmond et Jules de Goncourt. Les Actrices. *Paris, Dentu*, 1856, in-32, br., couv. (*Edition originale*). — Edmond et Jules de Goncourt. La Lorette, vignette par Gavarni. Cinquième édition. *Paris, Dentu*, 1856, in-32, br., couv. — Edmond et Jules de Goncourt. La Lorette, avec un dessin de Gavarni, gravé par Jules de Goncourt. *Paris, Charpentier*, 1883, in-16 carré, pap. de Holl., titre r. et n. texte encadré de fil. rouge, br. couv.

635. **Goncourt** (E. et J. de). Théâtre, 1887-1896, 8 pièces in-8 et in-12, br.

Editions originales, avec les couvertures.
Sœur Philomène (*envoi autog.*). — Les frères Zemganno. — La fille Elisa. — Germinie Lacerteux. — La Patrie en danger. — La Patrie en danger (*envoi autog. à Mario Proth*). — Manette Salomon.

636. **Goncourt** (E. et J. de). Une Voiture de Masques. *Paris, Dentu*, 1856, in-12, broché.

Édition originale, avec la couverture.

637. **Goncourt** (E. de). Chérie. *Paris, Charpentier et Cie*, 1884, in-12, br.

Édition originale, avec la couverture.
Envoi autographe signé.

638. **Goncourt** (E. de). La Fille Elisa, 1877.—Les Frères Zemganno, 1879. — La Faustin, 1882. *Paris, Charpentier*, 1877-1882, 3 vol. in-12, br.

Editions originales, avec les couvertures.

639. **Goncourt** (Lettres de Jules de). Fac-similé de lettre. Portrait d'après un émail de Claudius Popelin, gravé à l'eau-forte par E. Abot. *Paris, Charpentier*, 1885. in-12, br.

Edition originale, avec la couverture.
On y joint. Alidor Delzant. Les Goncourt. *Paris, Charpentier*, 1889, in-12, br.
Edition originale, avec la couverture.

640. **Gondinet** (Edmond). Gavaut, Minard et Cie, comédie en trois actes. *Paris, M. Lévy frères*, 1869,in-12, br.

Edition originale, avec la couverture.

641. **Gyp** et **Trois Étoiles**. Sac à Papier. *Paris, Calmann Lévy*, 1885, in-12, br.

Edition originale, avec la couverture illustrée.
Envoi autographe signé à M. Albert Delpit.
On y joint. Bob à l'Exposition, par Gyp. Dessins de Bob. *Paris, Calmann Lévy*, 1889, in-8 carré. — Bob au Salon de 1889, par Gyp. Dessins de Bob. *Paris, Calmann Lévy*, 1889, in-8 carré.
Editions originales, avec les couvertures.

642. **Halévy** (Ludovic). Deux Mariages. — Un grand mariage. — Un mariage d'amour. 1873.— La Famille Cardinal. 1873.

Paris, Calmann Lévy, 1873, 2 vol. in-16 carré, pap. vergé, titre r. et n., br., couv.

Envois autographes signés : *A son cher maître Ernest Renan.* Ludovic Halévy.

643. **Halévy** (Ludovic). L'Invasion, souvenirs et récits. *Paris, M. Lévy frères*, 1872, in-12, br.

Edition originale, avec la couverture.

On y joint : Le Pont des Soupirs, opéra bouffon, en deux actes et quatre tableaux, par MM. Hector Crémieux et Ludovic Halévy. *Paris, Librairie Nouvelle, A. Bourdillat et Cie*, 1861, in-12, br. — Discours de M. Ludovic Halévy, prononcé le jour de sa réception à l'Académie Française (4 Février 1886). *Paris, Calmann Lévy*, 1886, broch. in-8, couv. — L'Abbé Constantin, comédie en trois actes, tirée du roman de Ludovic Halévy, par Hector Crémieux et Pierre Decourcelle. *Paris, Calmann Lévy*, 1891, in-12, br.

Editions originales, avec les couvertures.

644. **Halévy** (Ludovic). Madame et Monsieur Cardinal. Douze vignettes par Edmond Morin. 1872. — Les Petites Cardinal. Douze vignettes par Henri Maigrot. 1880. — Un Mariage d'Amour. 1881. (*Envoi autogr. signé à son ami J. Hebrard*). *Paris, Michel et Calmann Lévy*, 1872-1881, 3 vol. in-12, br.

Editions originales, avec les couvertures.

645. **Halévy** (Ludovic). Marcel (Extrait de la Revue de Paris). *Paris, Typographie de Ad. Lainé et J. Havard*, 1864, in-8, de 64 pp., br.

Edition originale, avec la couverture imprimée.

646. **Halévy** (Ludovic). Un Scandale. *Paris, Librairie Nouvelle, A. Bourdillat et Cie, éditeurs*, 1860, in-12, de 59 pp., cart. dos et coins de mar. bleu, non rog. (*Champs*).

Edition originale, avec la couverture.

647. **Hervieu** (Paul). Flirt. 1890. — L'Armature. 1895.— Les Tenailles, pièce en trois actes. 1896. *Paris, A. Lemerre*, 1890-1896, 3 vol. in-12, br.

Editions originales, avec les couvertures.

648. **Hervilly** (Ernest d'.). Les Bêtes à Paris. 36 Sonnets, illustrés par G. Fraipont, grav. impr. par Gillot. *Paris, H. Launette et Cie, s. d.*, en feuilles, couv. impr. en couleurs.

Exemplaire tiré sur PAPIER DU JAPON.

649. **Hugo** (Victor). Châtiments. *Genève et New-York, s. d.* — Napoléon le Petit. *Amsterdam*, 1853. — Ensemble 2 vol. in-32, demi-rel. chag. vert et rouge.

650. **Hugo** (Victor). Le Christ au Vatican, augmenté d'une eau-forte par un Artiste en renom (Félicien Rops). *Bruxelles, Kistemaeckers, s. d.* (1880), plaq. in-12, pap. vél. teinté, titre r. et n., texte avec encadrem. rouges, br., couv.

Edition définitive.
Cette édition de bibliophile n'a été tirée qu'à 300 exemplaires et ne sera pas réimprimée.

651. **Hugo** (Victor). Etude sur Mirabeau. *Paris, Ad. Guyot. — Urbain Canel*, 1834, in-8, br.

Edition originale, avec la couverture.

652. **Hugo** (Victor). Napoléon le Petit. *Paris, J. Hetzel et Cie, s. d.*, in-12, br.

Première édition française.
Envoi autographe signé à Eugene Pelletan.
On y joint. Les Châtiments, seule édition complète. Augmentée de plusieurs pièces nouvelles. *Paris, J. Hetzel et Cie, s. d.*, in-12, br.
Première édition française.

653. **Hugo** (Victor). Napoléon le Petit. *Londres, Jeffs. — Bruxelles, A. Mertens.* 1852, in-32, br. (*Brochure fatiguée*).

Edition originale, avec la couverture.
On y joint. De la littérature dramatique. Lettre à M. Victor Hugo, par M. Alexandre Duval. *Paris, Dufey et Vezard*, 1833, broch. in-8.
Edition originale, avec la couverture

654. **Huysmans** (J.-K.). A Rebours. *Paris, Charpentier*, 1884, in-12, br.

Edition originale, avec la couverture.

655. **Huysmans** (J.-K.). L'Art Moderne. *Paris, Charpentier*, 1883, in-12, br.

Edition originale, avec la couverture.

656. **Huysmans** (J.-K.). A Vau-l'Eau. Eau-forte de Am. Lynen. *Bruxelles, Kistemaeckers*, 1882, in-16, pap. vergé, br.

Edition originale, avec la couverture.

657. **Huysmans** (J.-K.). La Cathédrale. *Paris, P.-V. Stock*, 1898, in-12, br.

Edition originale, avec la couverture.

658. **Huysmans** (J.-K.). Certains — G. Moreau — Degas — Chéret — Wisthler — Rops — Le Monstre — Le Fer, etc. *Paris, Tresse et Stock*, 1889, in-12, br.

Edition originale, avec la couverture.

659. **Huysmans** (J.-K.). Croquis Parisiens. Eaux-fortes de Forain et Raffaelli. *Paris, H. Vaton*, 1880, in-8, pap. de Holl., titre r. et n., br.

Edition originale, avec la couverture.
Exemplaire contenant en plus des 8 gravures de l'édition, 2 planches de Forain refusées par l'auteur comme ne se rapportant à son sujet (G. Vicaire, *t. 4, p. 472*).

660. **Huysmans** (J.-K.). Un Dilemme. *Paris, Tresse et Stock*, 1887, in-32, pap. vél., titre r. et n., br.

Edition originale, avec la couverture.

661. **Huysmans** (J.-K.). Le Drageoir à épices, par Jorris-Karl Huysmans. *Paris, E. Dentu*, 1874, in-16, titre r. et n., cart. dos et coins de mar. rouge jans., non rog., couv. (*Carayon*).

Edition originale, avec la couverture.
A M. Du Seigneur, témoignage de cordiale sympathie. J.-K. Huysmans.

662. **Huysmans** (J.-K.). Le Drageoir aux (*sic*) épices. Deuxième édition. *Paris, librairie générale, dépôt central des éditeurs*, 1875, in-16, pap. vél. titre r. et n., br., couv.

Tiré à 300 exemplaires numérotés (n° 247).
Cette 2e édition est absolument conforme à la 1re, sauf le titre et la couverture qui ont été réimprimés.

663. **Huysmans** (J.-K.). En Ménage. *Paris, Charpentier*, 1881, in-12, br.

Edition originale, avec la couverture.
Envoi autographe signé à M. Talma.

664. **Huysmans** (J.-K.). En Rade. *Paris, Tresse et Stock*, 1887, in-12, br.

Edition originale, avec la couverture.

665. **Huysmans** (J.-K.). En Route. *Paris, Tresse et Stock*, 1895, in-12, br.

Edition originale, avec la couverture.

666. **Huysmans** (J.-K.). Là-Bas. *Paris, Tresse et Stock*, 1891, in-12, br.

Edition originale, avec la couverture.

667. **Huysmans** (J.-K.). Marthe. Histoire d'une fille. *Bruxelles, J. Gay*, 1879, in-12, titre r. et n., texte encadré d'un filet noir, cart. dos et coins de mar. bleu jans., non rog., couv. (*Carayon*).

Edition originale, avec la couverture, avec cet envoi autographe : *A l'Ami Du Seigneur, ce petit cochon de Huysmans.*

668. **Huysmans** (J.-K.). Marthe. Histoire d'une fille. *Bruxelles, J. Gay*, 1876, in-16, br.

On y joint. L'édition de *Paris, Derveaux*, 1879, avec une eau-forte impressionnante de J.-L. Forain.

669. **Huysmans** (J.-K.). Les Sœurs Vatard. *Paris, Charpentier*, 1879, in-12, br.

Edition originale, avec la couverture.

670. **Huysmans** (J.-K.). Les Vieux Quartiers de Paris. La Bièvre, avec Vingt trois dessins et un autographe de l'auteur. *Paris, L. Genonceaux*, 1890, in-8, br., couv.

Première édition française

671. **Labiche** (Eugène). Etudes de mœurs. La Clef des Champs. Deuxième édition. *Paris, Gabriel Roux*, 1839, in-8, br., couv.

Edition originale, avec la couverture.
Mr G. Vicaire, dans son *Manuel de l'Amateur de Livres du XIXe siècle*, dit n'avoir jamais rencontré la 1re édition de ce roman.

672. **LABICHE** (Eugène). **Théâtre**. *Paris*, 1838-1879, 121 pièces gr. in-8 et in-12, br.

Editions originales, avec les couvertures.
Un grand nombre de ces pièces ne figurent pas au Théâtre complet qui comprend 57 pièces seulement.
On y joint : Discours prononcé dans la séance publique tenue par l'Académie Française, pour la réception de M. Labiche, le 25 novembre 1880. *Paris, Firmin-Didot et Cie*, 1880, plaq. in-4, br., couv.

673. **Lemercier de Neuville** (L.). Théâtre des Pupazzi. *Lyon, N. Scheuring*, 1876, in-8, pap. vergé teinté, titre r. et n., portr. et vignettes en-têtes à l'eau-forte, br., couv. illust.

674. **Lemercier de Neuville** (L.). Les Tourniquets. Revue de l'année 1861. En 3 actes et 12 tableaux, avec prologue et épilogue. Illustrations de M. Emile Benassit, gravure de MM. Rochet Jacob, 1862 (*Mouillures*). — I. Pupazzi. Texte et

Images par Lemercier de Neuville, 1866. — Paris Pantin, deuxième série des Pupazzi. Edition illustrée de 30 dessins, 1868. — Nouveau Théâtre des Pupazzi, texte et dessins naïfs, par L. Lemercier de Neuville, 1882. — Médard Robinot, Casquettier. Roman expressif écrit et imagé par L. Lemercier de Neuville, 1891. *Paris*, 1862-1891, 5 vol. in-12, br.

Editions originales, avec les couvertures.

675. **Loti** (P.). Au Maroc. *Paris, Calmann Lévy*, 1890, in-12, br.

Edition originale, avec la couverture.

676. **LOTI** (Pierre). **Aziyadé**. — Stamboul, 1876-1877. — Extrait des notes et lettres d'un lieutenant de la marine anglaise, entré au service de la Turquie, le 10 mai 1876, tué sous les murs de Kars, le 27 octobre 1877. *Paris, Calmann Lévy*, 1879, in-12, br.

Edition originale, avec la couverture.
TRÈS RARE.

677. **Loti** (Pierrre). Le Désert, 1895. — Jérusalem, 1895. — La Galilée, 1896. *Paris, Calmann Lévy*, 1895-1896, 3 vol. in-12, br.

Editions originales, avec les couvertures.

678. **Loti** (Pierre). L'Exilée. *Paris, Calmann Lévy*, 1893, in-12, br.

Edition originale, avec la couverture.

679. **Loti** (Pierre). Fantôme d'Orient. *Paris, Calmann Lévy*, 1891, in-8, br.

Edition originale avec la couverture.

680. **Loti** (Pierre). Fleurs d'ennui — Pasqala Ivanovitch — Voyage au Monténégro — Sulcïma. *Paris, Calmann Lévy*, 1893, in-12, br.

Edition originale, avec la couverture.

681. **Loti** (Pierre). Japoneries d'Automne. *Paris, Calmann Lévy*, 1889, in-12, br.

Edition originale, avec la couverture.

682. **Loti** (Pierre). Le Livre de la Pitié et de la Mort. 1891. — Figures et Choses qui passaient. 1898. — Reflets sur la sombre route. 1899. *Paris, Calmann Lévy*, 1891-1899, 3 vol. in-12, br.

Editions originales, avec les couvertures.

683. **Loti** (Pierre). Le Mariage de Loti — Rarahu — par l'auteur d'Aziyadé. *Paris, Calmann Lévy*, 1880, in-12, br.

Edition originale, avec la couverture.

684. **Loti** (Pierre). Mon frère Yves. *Paris, Calmann Lévy*, 1883, in-12, br.

Edition originale, avec la couverture.

685. **Loti** (Pierre). Pécheur d'Islande, roman. *Paris, Calmann Lévy*, 1886, in-12, br.

Edition originale, avec la couverture.

686. **Loti** (Pierre). Propos d'Exil. *Paris, Calmann Lévy*, 1887, in-12, br.

Édition originale, avec la couverture.

687. **Loti** (Pierre). Ramuntcho. *Paris, Calmann Lévy*, 1897, in-12, br.

Edition originale, avec la couverture.
On y joint. Séance de l'Académie Française du 7 avril 1892. Discours de réception de Pierre Loti. *Paris, Calmann Lévy*, 1892, in-12, br. — Judith Renaudin, drame en cinq actes, sept tableaux, par Pierre Loti. *Paris. Calmann Lévy*, 1898, in-12, br.
Editions originales, avec les couvertures.

688. **Loti** (Pierre). Le Roman d'un Enfant. *Paris, Calmann Lévy*, 1890, in-12, br.

Edition originale, avec la couverture.

689. **Loti** (Pierre). Le Roman d'un Spahi. *Paris, Calmann Lévy*, 1881, in-12, br.

Edition originale, avec la couverture.

690. **Loti** (Pierre). Les Trois Dames de la Kasbah. Conte oriental. *Paris, Calmann Lévy*, 1884, in-12 carré, pap. vergé, br.

Edition originale, avec la couverture.

691. **Maizeroy** (René). Deux Amies. *Paris, V. Havard*, 1885, in-12, br.

Edition originale, avec la couverture.
On y joint : Le Mal d'Aimer, par René Maizeroy. Illustrations de Courboin. *Paris, Rouveyre et Blond*, 1882, in-12, cart. dos de perc., tête éb., non rog. (*Envoi autographe signé à son confrère et ami Léon Chapron*). — René Maizeroy. La Grande Bleue, avec Préfaces de MM. Guy de Maupassant, P. Bourget, P. Loti, P. Bonnetain, J. Richepin et P. Arène. *Paris, Plon et Cie, s. d.* (1888), in-12, br., couv. — René Maizeroy. Celles qui osent ! avec une préface par Guy de Maupassant. *Paris, Marpon et Flammarion, s. d.*, in-12 avec illustrations par Kauffmann, cart. dos de perc., tête éb., non rog. (*Envoi autographe signé à son excellent ami et spirituel confrère Léon Chapron*).
Editions originales.

692. **Manuel** (Eugène). Les Ouvriers, drame en un acte, en vers. *Paris, M. Lévy frères*, 1870, in-12, br.

Edition originale, avec la couverture.

693. **Maupassant** (Guy de). Au Soleil. *Paris, V. Havard*, 1884, in-12, br., n. c.

Edition originale, avec la couverture.

694. **Maupassant** (Guy de). Au Soleil. *Paris, V. Havard*, 1884, in-12, cart. dos de perc., tête éb., non rog.

Edition originale.
Envoi autographe signé : *A son ami Léon Chapron.*
G. DE MAUPASSANT.

695. **Maupassant** (Guy de). Bel-Ami. *Paris, V. Havard*, 1885, in-12, br.

Edition originale, avec la couverture.

696. **Maupassant** (Guy de). Clair de Lune. *Paris, Ollendorff*, 1888, in-12, br., couv.

Dans cette édition paraissant pour la première fois : *La porte, le père, Moiron, Nos lettres, La nuit.*

697. **Maupassant** (Guy de). Le Colporteur. *Paris, P. Ollendorff*, 1900, in-12, br.

Edition originale, avec la couverture.

698. **Maupassant** (Guy de). Contes de la Bécasse. *Paris, Rouveyre et Blond*, 1883, in-12, br.

Edition originale, avec la couverture.

699. **Maupassant** (Guy de). Contes du jour et de la nuit. Illus-

trations de P. Cousturier. *Paris, Marpon et Flammarion, s. d.*, in-12, br. (*Qq. taches de rousseur*).

Edition originale, avec la couverture illustrée.
A Edmond de Goncourt, au Maître et à l'Ami.
GUY DE MAUPASSANT.

700. **Maupassant** (Guy de). Contes du jour et de la nuit. Illustrations de P. Cousturier. *Paris, Marpon et Flammarion, s. d.*, in-12, br., couv. illust.

Edition originale, avec DEUX COUVERTURES DIFFÉRENTES ! !

701. **Maupassant** (Guy de). Des Vers. *Paris, Charpentier*, 1880, in-12, br., n. c.

Edition originale, avec la couverture.
On a ajouté la préface de la deuxième édition.

702. **Maupassant** (Guy de). Fort comme la Mort. *Paris, Ollendorff*, 1889, in-12, br.

Edition originale, avec la couverture.

703. **Maupassant** (Guy de). Histoire du Vieux Temps, comédie en un acte et en vers. *Paris, Tresse*, 1879, in-8, br.

Edition originale, avec la couverture. — Rare.

704. **Maupassant** (Guy de). Le Horla. *Paris, Ollendorff*, 1887, in-12, br.

Edition originale, avec la couverture.

705. **Maupassant** (Guy de). L'Inutile Beauté. *Paris, V. Havard*, 1890, in-12, br.

Edition originale, avec la couverture.

706. **Maupassant** (Guy de). Mlle Fifi. Eau-forte par Just. *Bruxelles, Kistemaeckers*, 1882, in-16, pap. vergé, br.

Edition originale, avec la couverture.

707. **Maupassant** (Guy de). Mlle Fifi, nouveaux contes. *Paris, V. Havard*, 1883, in-12, br.

Edition originale de Paris, avec la couverture.
Il y a dans cette édition onze nouvelles qui ne figurent pas dans l'édition de Bruxelles, qui n'en renferme que sept.

708. **Maupassant** (Guy de). La Main Gauche. *Paris, Ollendorff*, 1889, in-12, br.

Edition originale, avec la couverture.

709. **MAUPASSANT** (Guy de). **La Maison Tellier.** *Paris, V. Havard*, 1881, in-12, br.

Edition originale, avec la couverture. TRÈS RARE.

710. **Maupassant** (Guy de). Miss Harriet. *Paris, V. Havard*, 1884, in-12, br.

Edition originale, avec la couverture.
A Madame Adam, Hommage respectueux d'un confrère et ami :
Guy de Maupassant.

711. **Maupassant** (Guy de). Monsieur Parent. *Paris, Ollendorff*, 1886, in-12, br.

Edition originale, avec la couverture.

712. **Maupassant** (Guy de). Mont-Oriol. *Paris, V. Havard*, 1887, in-12, br.

Edition originale, avec la couverture.

713. **Maupassant** (Guy de). Notre Cœur. *Paris, Ollendorff*, 1890, in-12, br.

Edition originale, avec la couverture.

714. **Maupassant** (Guy de). La Paix du Ménage, comédie en deux actes en prose. *Paris. Ollendorff*, 1893, in-12, br.

Edition originale, avec la couverture.

715. **Maupassant** (Guy de). Le Père Milon, contes inédits. *Paris Ollendorff*, 1899, in-12, br. n. c.

Edition originale, avec la couverture.

716. **Maupassant** (Guy de). La petite Roque. *Paris, V. Havard*, 1886, in-12, br.

Edition originale, avec la couverture.

717. **Maupassant** (Guy de). Pierre et Jean. *Paris. Ollendorff*, 1888, in-12, br.

Edition originale, avec la couverture.

718. **Maupassant** (Guy de). Le Rosier de Madame Husson. *Paris, Librairie Moderne*, 1888, in-12, br.

Edition originale, avec la couverture illustrée.

719. **Maupassant** (Guy de). Les Sœurs Rondoli. *Paris, Ollendorff*, 1884, in-12, br.

Edition originale, avec la couverture.

720. **Maupassant** (Guy de). Sur l'eau. Dessins de Riou, gravure de Guillaume frères. *Paris, Marpon et Flammarion, s. d.*, in-12, br.

Edition originale, avec la couverture illustrée.

721. **Maupassant** (Guy de). Toine. Illustrations de Mesplès. *Paris, Marpon et Flammarion, s. d.*, in-12, br.

Edition originale, avec la couverture illustrée.

722. **Maupassant** (Guy de). Une Vie. *Paris V. Havard*, 1883, in-12, br.

Edition originale, avec la couverture.

723. **Maupassant** (Guy de). La Vie errante. *Paris Ollendorff*, 1890, in-12, pap. vergé teinté, cart. toile r., non rog.

Edition originale, avec la couverture illustrée.

724. **Maupassant** (Guy de). Yvette. *Paris. V. Havard*, 1885, in-12, br.

Edition originale, avec la couverture.

725. **Maupassant** (Guy de) et Jacques **Normand**. Musotte, pièce en trois actes. *Paris, Ollendorff*, 1891, in-12, br.

Edition originale, avec la couverture.

726. **Meilhac** (Henri). Théâtre, 1858-1864, 3 pièces in-12, br.

Editions originales, avec les couvertures.
Péché caché. — Un petit fils de Mascarille. — L'autographe.

727. **Meilhac** (Henri) et Ludovic **Halévy**. Froufrou, comédie en cinq actes. *Paris, Michel Lévy frères*, 1870, in-8, br.

Edition originale, avec la couverture.

728. **Meilhac** et **Halévy**. Théâtre, 1861-1878, 6 pièces in-12, br.

Editions originales, avec les couvertures.
Le Menuet de Danaë. — Tricoche et Cacolet. — Les Sonnettes. — La Boule. — Les Curieuses. — Le petit duc (*envoi autog. signé à M. Desclos*).

729. **Mémoires patriotiques**. Les Cahiers du Capitaine Coignet (1799-1815), publiés par Lorédan Larchey, d'après le manuscrit original avec gravures et autographe fac-similé. *Paris, Hachette et Cie*, 1883, in-12, br., couv. illust.

On y joint : Mémoires patriotiques. Journal de marche du Sergent Fricasse de la 127e demi-brigade (1792-1802). Avec les uniformes des armées de

Sambre-et-Meuse et Rhin-et-Moselle, fac-similés dessinés par P. Sellier, d'après les gravures allemandes du temps. Publié pour la première fois par Lorédan Larchey, d'après le manuscrit original. *Paris, aux frais de l'éditeur*, 1882, in-12, br., couv. — Mémoires du Sergent Bourgogne (1812-1813) Publiés d'après le manuscrit original, par Paul Cottin. *Paris, Hachette et Cie*, 1898, in-12, portrait et un croquis, br., couv.

730. **Mendès** (Catulle). Monstres Parisiens, avec eaux-fortes de F. Besnier. *Paris*, 1883, 10 fasc. in-32, pap. vergé, br., couv. impr. en couleurs.

731. **Mendès** (Catulle). Philoméla, livre lyrique. Avec une eau-forte par Bracquemond. *Paris, J. Hetzel*, 1863, in-12, titre r. et n., br.

Édition originale, avec la couverture.
Envoi autographe signé à M. Bourdin.

732. **Mirbeau** (Octave). Le Jardin des Supplices. *Paris, E. Fasquelle*, 1899, in-12, br.

Édition originale, avec la couverture.

733. **Montesquiou-Fezensac** (Comte Robert de). Le Chef des Odeurs Suaves (poésies). *Paris, G. Richard*, 1893, pet. in-4, br.

Édition originale, avec la couverture.
Envoi autographe signé de l'auteur.

734. **Mouton** (Eugène). [Mérinos]. Nouvelles et fantaisies humoristiques. *Paris, Librairie générale*, 1872-1876, 2 vol. — Voyages et Aventures du capitaine Marius Cougourdan, commandant le trois-mâts la Bonne-Mère du port de Marseille, avec le portrait du Capitaine, composé et dessiné par l'auteur. *Paris, Dentu*, 1879, 1 vol. — Zoologie Morale. *Paris, Charpentier*, 1881-1882, 2 vol. *Envoi autographe signé à M. le Dr de Cyon*. — Ensemble 5 vol. pet. in-8 carré, br. couv.

735. **Murger** (Henry). Les Buveurs d'Eau. *Paris, M. Lévy frères*, 1855, in-12, br. (*Légères mouillures*).

Édition originale, avec la couverture raccommodée au dos.
On y joint : Henry Murger, par Théodore Pelloquet. Photographie par Pierre Petit. *Paris, Librairie nouvelle, A. Bourdillat et Cie*, 1861, broch. in-12. — Histoire de Mürger pour servir à l'Histoire de la vraie Bohème, par Trois Buveurs d'Eau, contenant des Correspondances privées de Mürger. *Paris, J. Hetzel - Librairie Claye, s. d.*, in-12, br. — Souvenirs de Schau-

nard, par Alexandre Schanne. Edition ornée de deux portraits Schaunard à vingt ans et Schaunard aujourd'hui, par L. Dechaisne. *Paris, Charpentier*, 1887, in-12, br.

Editions originales, avec les couvertures.

736. **Murger** (Henry). Le Pays Latin. *Paris, M. Lévy frères*, 1852, in-12, br.

Edition originale, avec la couverture.

737. **MURGER** (Henrey). **Scènes de la Bohême**. *Paris, M. Lévy frères*, 1851, in-12, br.

Edition originale, avec la couverture.
TRÈS RARE.

738. **MUSSET** (Alfred de). Académie Française. Inauguration des Statues de Bernardin de Saint-Pierre et de Casimir Delavigne, au Havre, le lundi 9 août 1852. Discours de M. Alfred de Musset, chancelier de l'académie, in-4, de 15 pp., br., couv. papier.

Edition originale.

739. **Musset** (Alfred de). Biographies. Souvenirs. Etudes sur A. de Musset, 7 vol. ou broch. in-12, br. couv.

Alfred de Musset. L'Homme — Le Poète, par Adolphe Perreau, 1862. — Biographie de Alfred de Musset, sa vie et ses œuvres, par Paul de Musset, 1877. — Alfred de Musset et ses prétendues attaques contre Victor Hugo, par Charles de Lovenjoul, 1878. — Souvenirs de Madame C. Jaubert, lettres et correspondances. Berryer — 1847 et 1848 — Alfred de Musset — Pierre Lanfrey — Henry Heine, *s. d.* — Etude et Récits sur Alfred de Musset, par la Vicomtesse de Janzé, avec deux dessins originaux d'Alfred de Musset, 1891. — Alfred de Musset, par Arvède Barine, 1893. — Dix Ans chez Alfred de Musset, par Mme Martellet, née A. Colin, sa Gouvernante. Ouvrage contenant des Poésies inédites, des autographes et des dessins d'Alfred de Musset, préface de G. Montorgueil, 1899.

740. **Musset** (sur Alfred de). 6 broch. gr. in-8 et in-8, br., couv.

Les Héritiers d'Alfred de Musset contre M. Charpentier, Editeur. *Paris*, 1867. — Etude critique et bibliographique des Œuvres de Alfred de Musset, pouvant servir d'appendice à l'Edition dite de Souscription. *Paris*, 1867 (*2 exemplaires dont un sur papier de Chine*). — Un Rêve, ballade, par Alfred de Musset. Cent cinquante vers inconnus, Avec Note bibliographique, suivie d'une notice des portraits du poète. *Paris*, 1875 (*On y joint* : 1° *Le portrait d'Alfred de Musset, dess. et gr. à l'eau-forte par Nargeot.* — 2° *Discours de M. L. Vitet prononcé aux funérailles d'Alfred de Musset, le lundi 4 mai* 1857). — Collection d'une importante collection d'Autographes et de Dessins, provenant d'Alfred et de Paul de Musset. *Paris*, 1881. — Bibliographie des Œuvres d'Alfred de Musset, et des Ouvrages, gravures et vignettes qui s'y rapportent, par Maurice Clouard, etc. *Paris*, 1883.

741. **Musset** (Alfred de). Institut national de France. Discours prononcés dans la séance publique tenue par l'Académie française, pour la réception de M. Alfred de Musset, le 27 mai 1852. *Paris, Firmin-Didot frères*, 1852, in-4, br., couv. papier.

742. **Musset** (Alfred de) et Emile **Augier**. L'Habit Vert, proverbe en un acte et en prose. *Paris, M. Lévy frères*, 1851, in-12, br., couv.

743. **Musset** (A. de) et George **Sand** (Sur). Réunion de 5 vol. ou broch. in-12, br., couv.

Elle et Lui, par George Sand. 1859. — Lui et Elle, par Paul de Musset. 1860. — Mme Louise Colet. Lui, roman contemporain. 1860. — Eux et Elles. Histoire d'un Scandale, par M. de Lescure. Seconde édition, revue et augmentée d'une Préface. 1860. — Eux, drame contemporain en un acte et en prose, par Moi. *Caen*, 1860.

744. **Musset** (Paul de). Biographie de Alfred de Musset, sa vie et ses œuvres, avec fragments inédits en prose et en vers et lettres inédites, le portrait de Paul de Musset, gravé par M. Dubouchet, et une gravure d'après un dessin de M. Emile Bayard. *Paris*, *Charpentier*, 1877, in-8, br.

Edition originale, avec la couverture.

On y joint : 1° Le portrait de Paul de Musset gravé au burin par Dubouchet, épreuve avant toute lettre, tiré sur Chine appliqué sur vélin in-fol. — 2° Musset et la sœur Marceline, gravure au burin d'après Bayard, épreuve avant toute lettre, tirée sur Chine appliqué sur vélin in-fol. — 3° Les portraits d'Alfred de Musset et de George Sand « pour Lui et Elle », tirés in-4, sur papier de Hollande, épreuves avant la lettre.

745. **Musset** (Paul de). Lui et Elle, avec deux dessins de M. G. Rochegrosse, gravés à l'eau-forte par M. Champollion. *Paris*, *Charpentier*, 1878, in-32, br., couv. avec une petite tache d'encre.

L'un des **75** exemplaires tirés sur papier de Hollande (n° 65) avec les deux gravures sur Chine avant lettre ajoutées.

On y joint : Eux et Elles. Histoire d'un Scandale par M. de Lescure. *Paris, Poulet-Malassis et de Broise*, 1860, in-12, titre r. et n., br.

Edition originale, avec la couverture.

746. **Ohnet** (Georges). Théâtre 1876-1888. 7 pièces in-8 et in-12, br.

Editions originales, avec les couvertures.

Régina Sarpi. — Marthe (*Envoi autog. signé à M. Derval*). — Serge Panine

(*Envoi autog. signé à M. Derval*). — Le Maître de forges, in-8 (*Envoi autog. signé à M. Derval*). Le Maître de forges, in-12. — La Comtesse Sarah. — La Grande Marnière.

747. **Pailleron** (Edouard). Discours Académiques. *Paris, Calmann Levy*, 1886, in-12, br.

Edition originale, avec la couverture.

On y joint : Edouard Pailleron. Discours prononcé le jour de sa réception à l'Académie Française (17 janvier 1884). *Paris, Calmann Lévy*, 1884, broch. in-8. — Emile Augier par Edouard Pailleron. *Paris, Calmann Lévy*, 1889, broch. in-8.

Editions originales, avec les couvertures.

748. **Pailleron** (Edouard). Les Faux Ménages, comédie en quatre actes en vers. *Paris, M. Lévy frères*, 1869, in-8, br.

Edition originale, avec la couverture.

749. **Pailleron** (Edouard). Le Monde ou l'on s'ennuie, comédie en trois actes. *Paris, Calmann Lévy*, 1881, in-8, br.

Edition originale, avec la couverture.

750. **Pailleron** (Edouard). Notice sur Eugène Labiche, par M. Edouard Pailleron, membre de l'Académie. Lue dans la séance publique annuelle de l'Académie française du 22 novembre 1894, in-4, de 17 pages impr. sur le recto des feuillets seulement.

751. **Pailleron** (Edouard). Les Parasites.— Amours et Haines. *Paris, M. Lévy frères*, 1861-1869, 2 vol. in-12, br.

Editions originales, avec les couvertures.

752. **Pailleron** (Edouard). Le Théâtre chez Madame. *Paris, Calmann Lévy*, 1881, pet. in-12 carré, pap. vergé, titre r. et n., br.

On y joint. Amours et Haines, par Edouard Pailleron. *Paris, Calmann Lévy*, 1889, pet. in-12 carré, pap. vergé, titre r. et n., br.

Editions originales, avec les couvertures.

753. **Pailleron** (Edouard). Théâtre 1860-1884. 9 pièces in-12, br.

Editions originales, avec les couvertures.

Le Parasite. — Le Mur mitoyen. — Le dernier quartier.— Second mouvement. — Petite pluie. — L'Etincelle. — L'Age ingrat.— Chevalier Trumeau. La poupée.

754. **Pailleron** (Edouard). Théâtre 1873-1894. 3 pièces in-8, br.

Editions originales, avec les couvertures.
Hélène. — La Souris. — Cabotins.

755. **Parnassiculet contemporain** (le), Recueil de vers nouveaux, précédé de l'Hôtel du Dragon bleu et orné d'une très-étrange eau-forte. *Paris, J. Lemer*, 1867, in-12, br.

Edition originale, avec la couverture.

756. **Porto-Riche** (G. de). Tout n'est pas rose, poésies. *Paris, Calmann Lévy*, 1877, in-12, br.

Edition originale, avec la couverture.
Envoi autographe signé à M. Marcovaldi.
On y joint. G. de Porto-Riche. Vanina. Fantaisie vénitienne, en deux parties et en vers. Deuxième édition. *Paris, Calmann Lévy*, 1879, in-12, br., couv.
Envoi autographe signé à son ami Marcovaldi.

757. **Prévost** (Marcel). Chonchette. *Paris, A. Lemerre*, 1888, in-12, br.

Edition originale, avec la couverture.

759. **Prévost** (Marcel). Cousine Laura, mœurs de théâtre. 1890. — La Confession d'un Amant. 1891. — L'Automne d'une Femme. 1893. — Les Demi-Vierges. 1894. *Paris, A. Lemerre*, 1890-1894, 4 vol. in-12, br.

Editions originales, avec les couvertures.

760. **Prévost** (Marcel). Lettres de Femmes. 1892.— Nouvelles Lettres de Femmes. 1894. — Dernières Lettres de Femmes. 1897. *Paris, A. Lemerre*, 1892-1897, 3 vol. in-12, br.

Editions originales, avec les couvertures.

761. **Prévost** (Marcel). Notre Compagne (Provinciales et Parisiennes. 1895. — Le Jardin secret. 1897.— Trois Nouvelles. — Nimba. — Le Mariage de Julienne. — Le Moulin de Nazareth. 1898. — L'Heureux Ménage. 1901. *Paris, A. Lemerre*, 1895-1901, 4 vol. in-12, br.

Editions originales, avec les couvertures.

762. **Prévost** (Marcel). Le Scorpion. *Paris, Lemerre*, 1887, in-12, br.

Edition originale, avec la couverture.

763. **Prévost** (Marcel). Les Vierges Fortes. — Frédérique. — Léa. *Paris, A. Lemerre*, 1900, 2 vol. in-12, br.

Editions originales, avec les couvertures.

764. [**Renart** (Jules)]. Histoires Naturelles (poésies), par Un Membre de plusieurs Sociétés savantes. Illustrations de E. Froment. *Paris, A. Drouin*, 1883, in-16, titre r. et n., br., couv.

Edition originale.
L'un des **50** exemplaires tirés sur PAPIER DU JAPON (n° 27).

765. **Richepin** (Jean). Le Cadet. *Paris, Charpentier*, 1890, in-12, br.

Edition originale, avec la couverture.
Envoi autographe signé à René Maizeroy.

766. **Richepin** (Jean). Les Caresses. *Paris, G. Decaux, s. d.*, in-12, br.

Edition originale, avec la couverture.

767. **Richepin** (Jean). La Chanson des Gueux. *Paris, Librairie illustrée, s. d.*, in-12, br.

Edition originale, avec la couverture.
On y joint :
1° La couverture, la préface, le glossaire argotique et les poèmes nouveaux publiés pour la première fois dans l'édition définitive (1881).
2° La suite des eaux-fortes d'Eugène Courboin en deux états, vélin avec lettre, Japon, bistre avant lettre.
2° 2 portraits de J. Richepin, sur Chine volant avant la lettre.

768. **Richepin** (Jean). Complet! monocoquelogue dit par Coquelin Cadet, avec portrait en taille-douce par A. Descaves. *Bruxelles, Kistemaeckers*, 1881, plaq. in-12, br.

Edition originale, avec la couverture. — Rare.
L'un des **20** exemplaires tirés sur PAPIER DU JAPON.
Très rare, l'édition ayant été en partie supprimée.

769. **Richepin** (Jean). La Glu. *Paris, Dreyfous, s. d.*, in-12, br.

Edition originale, avec la couverture.
Envoi autographe signé à René Maizeroy.

770. **Richepin** (Jean). Le Pavé. *Paris, M. Dreyfous*, 1883, pet. in-12 colombier, br.

Edition originale, avec la couverture.
Envoi autographe signé à Guillaume Livet.

771. **Richepin** (Jean). Madame André. *Paris*, *M. Dreyfous*, 1878, in-12, br.

Edition originale, avec la couverture.

772. **Richepin** (Jean). Miarka, la fille à l'Ourse. *Paris*, *Maurice Dreyfous*, *s. d.*, in-12, br.

Edition originale, avec la couverture.
Envoi autographe signé à J. Barbey d'Aurevilly.

772 *bis*. **Richepin** (Jean). Les Etapes d'un Réfractaire — Jules Vallès. *Paris*, *A. Lacroix*, *Verboeckhoven et Cie*, 1872, in-12, br.

Edition originale avec la couverture. Très rare.
Envoi autographe signé à M. A. Lacroix.

773. **Richepin** (Jean). Les Morts bizarres. *Paris*, *Georges Decaux*, *s. d.*, in-12, br.

Edition originale, avec la couverture.

774. **Richepin** (Jean). Prologue pour la réouverture de la Comédie-française le samedi 29 Décembre 1900. *Paris*, *E. Fasquelle*, *s. d.*, in-12, obl., pap. de Holl. teinté, couv. parchemin.

Edition originale, avec la couverture.

775. **Richepin** (Jean). Quatre Petits Romans — Sœur Doctrouvé — Monsieur Destrémeaux — Une Histoire de l'autre monde — Les Débuts de César Borgia, précédés de ma préface. *Paris*, *M. Dreyfous*, *s. d.*, in-12, br.

Edition originale, avec la couverture.
Envoi autographe signé à Robert Caze.

776. **Richepin** (Jean). Théâtre 1873-1899. 12 pièces in-8 et in-12 br.

Editions originales, avec les couvertures.
L'Etoile. — La Glu. — Nana Sahib. — Monsieur Scapin. — Le Flibustier. — Le Mage. — Par le Glaive. — Vers la Joie. — Le Flibustier, (opéra-comique).— Le Chemineau. — La Martyre. — Les Truands.

777. **Richepin** par Roger-Milès. Les Poètes Français contemporains. Jean Richepin. *Paris*, *M. Dreyfous*, 1887, in-4 de 58 pp., br., couv.

778. **Rollinat** (M.). Dans les Brandes, poëmes et rondels. *Paris, Sandoz et Fischbacher*, 1877, in-12, br.

Edition originale, avec la couverture.

779. **Rostand** (Edmond). Cyrano de Bergerac, comédie héroïque en cinq actes, en vers. *Paris, E. Fasquelle*, 1898, pet. in-8, portr. de l'auteur à l'eau-forte par F. Desmoulin, ajouté, br.

Edition originale, avec la couverture.
On y joint : Edmond Rostand. L'Aiglon, drame en six actes en vers. *Paris, E. Fasquelle*, 1900, pet. in-8, portr. de l'auteur, à l'eau-forte par F. Desmoulin, ajouté.
Edition originale, avec la couverture. — On y joint le Prospectus de Publication, pour le portrait.

780. **Rostand** (Edmond). Matinée de Cyrano de Bergerac, du 3 mars 1898. Notice par Henri Durand — Henri Laignoux. (*Paris, Imprimerie A. Lahure*, 1898), petit in-8, titre r. et n., avec illustrations d'Auguste Raynaud, et portraits en héliog. Dujardin, broché.

Edition originale, avec la couverture.
Tiré à 850 exemplaires numérotés (n° 73).
L'un des **800** sur papier Whatman.

781. **Rostand** (Edmond). La Samaritaine. Evangile en trois tableaux, en vers. *Paris, E. Fasquelle*, 1897, pet. in-4, br.

Edition originale, avec la couverture illustrée.

782. **Sandeau** (Jules). La Maison de Penarvan. *Paris, M. Lévy frères*, 1858, in-12, br.

On y joint. Un Début dans la Magistrature, par Jules Sandeau. *Paris, M. Lévy frères*, 1863, in-12, br.
Editions originales, avec les couvertures.

783. **Sandeau** (Jules). Sacs et Parchemins. *Paris, M. Lévy frères*, 1851, 2 vol. in-12, br.

Edition originale, avec les couvertures.
Brochure fatiguée, taches de rousseur, et tache au verso de la couverture du tome I.

784. **Sardou** (Victorien). Rabagas, comédie en cinq actes, en prose. *Paris, M. Lévy frères*, 1872, in-8, br.

Edition originale, avec la couverture.
Exemplaire tiré sur PAPIER VELIN fort.

785. **Sardou** (Victorien). Rabagas, comédie en cinq actes, en prose. *Paris, M. Lévy frères*, 1872, in-8, br.

Edition originale, avec la couverture.

786. **Sardou** (Victorien). Théâtre, 1854-1886, 36 pièces in-8 et in-12, br.

Editions originales, avec les couvertures.

La Taverne (*Envoi autog. à Madame Daramon*). — Monsieur Garat. — Les pattes de mouche. — Les femmes fortes. — L'Ecureuil — Piccolino. — La papillonne. — La perle noire. — Nos intimes. — Les prés Saint-Gervais. — Les ganaches. — Les diables noirs. — Don Quichotte. — Le dégel. — Les pommes du Voisin. — Les vieux garçons — LA FAMILLE BENOITON. — Maison neuve. — Nos bons villageois. — Patrie. — Fernande (*envoi autog. signé à Mr Derval*). — Le roi Carotte. — La Haine. — Andréa. — L'Oncle Sam. — L'heure du spectacle. — Séraphine. — Daniel Rochal. — Divorçons. — Les premières Années de Figaro. — Les gens nerveux. — Bataille d'Amour. — Le Capitaine Henriot. — Les prés Saint-Gervais. — Patrie.

787. **Scholl** (Aurélien). Denise, historiette bourgeoise. *Paris. Ledoyen*, 1857, in-32, br.

Edition originale, avec la couverture, et avec la gravure qui manque à presque tous les exemplaires.

788. **Theuriet** (André). Le Chemin des Bois. Poëmes et poésies, 1867 (*Envoi autographe signé, nom du destinataire rayé à l'encre*). — Le Bleu et le Noir — Poëmes de la Vie réelle, 1874. *Paris. Lemerre*. 1867-1874, 2 vol. in-12, br.

Editions originales, avec les couvertures.

789. **Theuriet** (André). La Maison des deux Barbeaux — Le Sang des Finoël. *Paris, P. Ollendorff*, 1879, in-12, br.

Edition originale, avec la couverture illustrée.

Exemplaire unique avec une longue note autographe signée d'André Theuriet, donnant l'autorisation de publier la Nouvelle : La *Maison des deux Barbeaux*, sous le titre de l'*Héritage de Mademoiselle Linette*.

790. **Toudouze** (Gustave). Romans, 1873-1885, 8 vol. et broch. in-12, br.

Editions originales, avec les couvertures.

Octave. — La Sirène (*envoi autog. signé*) Le Coffret de Salomé. — La Coupe d'Hercule. — Le Sécube de l'an 79. — Madame Lambel (*envoi autog. signé*). — Albert Wolf. — Toinon (*envoi autog. signé*).

791. **Tourguenef** (J.). Fumée, traduit du Russe (Extrait du Correspondant). *Paris, Douniol*, 1867, in-8, de 136 pp., br., couv.

Edition originale, avec la couverture.

792. **Un Été à la Campagne**, correspondance de Deux jeunes Parisiennes, recueillie par un Auteur à la mode. *S. l.*, 1868, in-16, pap. vergé, titre r. et n., front. à l'eau-forte sur Chine volant, br., couv. papier.

Edition originale.

793. **Verlaine** (Paul). Choix de Poésies, avec un portrait de l'auteur, par Eug. Carrière. *Paris, Charpentier*, 1891, in-12, br., couv.

794. **Vicaire** (Gabriel). Les Déliquescences. Poèmes décadents d'Adoré Floupette. *Byzance* (*Paris*), *chez Lion vanné* (*Léon Vanier*), *Editeur*, 1885, in-18, br.

Edition originale, avec la couverture.

795. **Vigny** (Alfred de). Les Consultations du Docteur Noir. Stello ou les Diables bleus (Blue Devils). Première Consultation. *Paris, Ch, Gosselin, Eug. Renduel*, 1832, in-8, fig. demi-rel. veau fauve dos orné, tr. marb. (*Rel. de l'époque*).

Edition originale ornée de 3 vignettes sur Chine de Tony Johannot, gravées sur bois par Brevière (Ces vignettes sont à part du volume).
Mouillures, feuillets tachés et déchirures à 12 feuilets.

796. **Vigny** (Alfred de). Servitude et Grandeur militaires. Quatrième édition — Laurette — La Veillée de Vincennes — La Canne de Jonc. *Paris, Charpentier*, 1845, in-12, br., couv.

797. **Xanrof** (Léon). Chansons sans-gêne. Couverture de G. Cain. Illustrations de T. Saint-Maurice, 1861. — Chansons Ironiques. Paroles et Musique de Xanrof. Illustrations de P. Balluriau, *s. d.* — L'Œil du Voisin. Illustrations de Lourdey, *s. d.* — Pochards et Pochardes. Histoire du Quartier Latin. Illustrations par Maurice de Thorn, D. Franklin, etc., *s. d. Paris, G. Ondet*, 1861. — *Marpon et Flammarion*, *s. d.*, 4 vol. in-12, br.

Editions originales, avec les couvertures illustrées.
Le premier ouvrage est en demi-rel. chag. r., non rog., couv.

798. **Zola** (Emile). A propos de Lourdes. *Lyon, Société des Amis des Livres*, 1894, pet. in-8 carré, broché, couv.

Edition originale, tirée à 41 exemplaires.

799. **Zola** (Emile). Le Capitaine Burle. *Paris, G. Charpentier*, 1883, in-12, br.

Edition originale, avec la couverture.

800. **Zola** (Emile). Cinq broch. in-8 et in-12, br., couv.

Editions originales.

Emile Zola. Mon Salon. *Paris*, 1866, in-12 (*envoi autog. signé*).—Emile Zola. Ed. Manet. Etude biographique et critique accompagnée d'un portrait d'Ed. Manet par Bracquemont et d'une eau-forte d'Ed. Manet d'après Olympia. *Paris*, 1867. — Exposition Manet. Catalogue, préface par Emile Zola. *Paris*, 1884. — La République et la Littérature par Emile Zola. *Paris*. 1879. — Lettre à la Jeunesse par Emile Zola. *Paris*, 1897.

801. **Zola** (Emile). La Confession de Claude. *Paris, A. Lacroix et Cie*, 1866, in-12, br.

Edition originale, avec la couverture.
Envoi autographe signé à M. Challemel Lacour.

802. **Zola** (Emile). Contes à Ninon. *Paris, Hetzel et A. Lacroix, s. d.*, in-12, br.

Edition originale, avec la *bonne* couverture jaune, au nom de : *Librairie internationale*, 15, *Boulevard Montmartre. J. Hetzel et A. Lacroix, éditeurs.*

803. **Zola** (Emile). Nouveaux Contes à Ninon. *Paris, Charpentier et Cie*, 1874, in-12, br.

Edition originale, avec la couverture.

804. **Zola** (Emile). Un Duel Social. par Agrippa. *Paris, Aux Bureaux du Corsaire*, 1873. 3 vol. in-12, br., couv.

Cette édition, donnée en prime par le journal *Le Corsaire*, est la même que les *Mystères de Marseille*, parus en 1867 avec le nom d'Émile Zola, il n'y a que les titres et couvertures de changés.

805. **Zola** (Emile). La Guerre, croquis de L. P. Sergent, gravure de Ch. Gillot. *Bruxelles*, s. d., pet. in-8 carré broché.

Edition originale, avec la couverture, rare.

806. **Zola** (Emile). Madeleine Ferat. *Paris, Lacroix et Cie*, 1868, in-12 broché.

Edition originale, avec la couverture qui porte la date de 1869.

807. **Zola** (Emile). Les Mystères de Marseille, roman historique contemporain. *Marseille, Arnaud*, 1867, 3 vol. in-12, br.

Edition originale, avec les couvertures. *Rare*.
Envoi autographe signé à Jules Richard.

808. **Zola** (Emile). Naïs Micoulin. *Paris, Charpentier*, 1884, in-12, br.

Edition originale, avec la couverture.
Envoi autographe signé à René Maizeroy.

809. **Zola** (Emile). Œuvres Critiques. *Paris, Achille Faure et Charpentier*, 1866-1901, 9 vol. in-12, br.

Editions originales, avec les couvertures.
Mes Haines. — Le Roman expérimental. — Les Romanciers naturalistes (*Envoi autog. à Tourguenef*). — Le Naturalisme au théâtre. — Nos Auteurs dramatiques. — Documents littéraires. — Une campagne. — Nouvelle Campagne. — L'Affaire Dreyfus. La vérité en marche.

810. **Zola** (Emile). Les Quatre Evangiles. Fécondité. — Travail. *Paris, Charpentier*, 1899-1901, 2 vol. in-12, br.

Editions originales, avec les couvertures.

811. **ZOLA** (Emile). **Les Rougon Maquart**. Histoire naturelle et sociale d'une famille sous le second empire. *Paris, Lacroix, Verboeckoven et Cie.— Charpentier*, 1871-1901, 21 vol. in-12, br.

COLLECTION COMPLÈTE. RARE.
Editions originales, avec les couvertures.
La fortune du Rougon (*Envoi autog. à P. de Saint-Victor*). — La Curée. — Le Ventre de Paris. — La Conquête de Plassans (*Envoi autog. à Edouard Sylvin*). — La faute de l'abbé Mouret. — Son Excellence Eugène Rougon. — L'Assommoir (*Envoi autog. à Edouard Duranty*). — Une page d'Amour. — Nana. — Pot-Bouille (*Envoi autog. à René Maizeroy*). — Au Bonheur des dames (*Envoi autog. à Félicien Champsaur*). — La Joie de Vivre (*Envoi autog. à Paul Ginissy*). — Germinal. — L'Œuvre. — La Terre. — Le Rêve. — La bête humaine. — L'Argent. — La Débacle (*Envoi autog. à Lucien Muhlfeld*). — Le Docteur Pascal (*Envoi autog. à Bernard Lazare*). — Les Personnages des Rougon Maquart pour servir à la lecture de l'étude de l'œuvre d'Emile Zola.

812. **Zola** (Emile). Théâtre, 1883-1901, 12 vol. in-12, br.

Editions originales, avec les couvertures.
Thérèse Raquin. — Les Héritiers Rabourdin. — Théâtre. — L'Assommoir. — Nana et Pot-bouille en un vol. — Tout pour l'honneur. — Le Rêve. — Messidor. — L'attaque du Moulin. — L'Ouragan.
On y joint :
Emile Zola par Paul Alexis avec des vers inédits d'Emile Zola. *Paris, Charpentier*, 1882, in-12, br., couv.

813. **Zola** (Emile). Thérèse Raquin. *Paris, A. Lacroix et Cie*, 1868, in-12, br.

Edition originale, avec la couverture.
Envoi autographe signé à Mr le docteur Rouch.

814. **Zola** (Emile). Les Trois Villes. Lourdes.— Rome.— Paris. *Paris, Charpentier*, 1894-1898, 3 vol. in-12, br.

Editions originales, avec les couvertures.

815. **Zola** (Emile). Le Vœu d'une Morte. *Paris, A. Faure*, 1866, in-12, br.

Edition originale, la couverture porte la date de 1867.

816. **Zola** (Emile). Guy de **Maupassant** — J.-K. **Huysmans** — Henry **Céard** — Léon **Hennique** — Paul **Alexis**. Les Soirées de Médan. *Paris, Charpentier*, 1880, in-12, br.

Edition originale, avec la couverture.

817. **Zola** (Emile). Biographies, Etudes, etc., 9 vol. en broch. in-8 et in-12, br., couv.

Zola contre Zola par Ant. Laporte. *Paris*, 1896. — Emile Zola par Guy de Maupassant, 1883. — M. Zola, Pape et César, 1879. — Emile Zola par Edouard Toulouse, 1896. — Emile Zola par Fernand Xau, 1880. — A propos de l'Assommoir par Edouard Rod., 1879. — M. E. Zola et son Assommoir par Frédéric Erbs, 1879. — L'Œuvre d'Emile Zola, 32 semi-aquarelles par H. Lebourgeois, 1898. — Emile Zola et son œuvre, extrait de la Revue encyclopédique, 1894. — Le Rêve, couverture de la Revue illustrée.

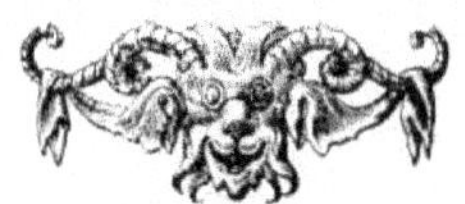

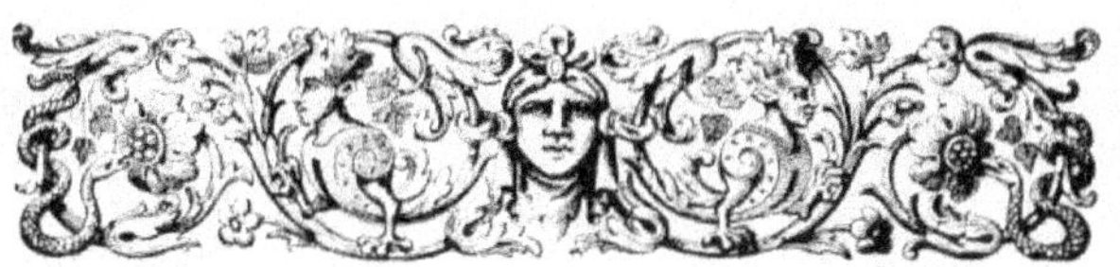

IV. SUITES DE FIGURES ET PORTRAITS D'AUTEURS

pour l'Illustration des Livres

---

818. **Barbey d'Aurevilly** (Jules). L'Ensorcelée. Suite de 1 portrait par Rajon et de 6 eaux-fortes composées et gravées par Buhot. *Paris, Lemerre*, in-12, en feuilles à toutes marges.

819. **Baudelaire** (Charles). Les Fleurs du Mal. Suite de 10 Compositions à l'eau-forte, dessinées par Alex. Hannoteau. *Bruxelles, L. de Meuleneere*, 1886, in-8, en feuilles à toutes marges, dans un carton.

Epreuves sur papier vélin fort.

On y joint : 1° Un Frontispice de F. Rops, pour *Les Epaves*, in-8, tiré sur Chine volant. — 2° Neuf portraits différents dont une photographie de Ch. Baudelaire à divers âges.

820. **Baudelaire** (Charles). Les Fleurs du Mal. Suite de 9 planches. Interprétations par Odilon Redon. *Bruxelles, E. Deman*, 1891, in-8, en feuilles à toutes marges, dans un carton.

Epreuves sur papier de Chine volant avant la lettre.

821. **Baudelaire** (Charles). 5 portraits différents, épreuves sur Chine volant, marges in-4.

822. **Beaumarchais**. Le Barbier de Séville. — Le Mariage de Figaro. Suite de 1 portrait et 9 planches par Arcos, gravées à l'eau-forte par Monziès. *Paris, Librairie des bibliophiles*, in-16 tiré in-8, en feuilles à toutes marges.

Epreuves sur papier de Chine avec la lettre.

823. **Boccace.** Le Décameron. Suite de 11 planches dessinées et gravées à l'eau-forte par Léop. Flameng. *Paris, Librairie des bibliophiles*, in-16, tiré in-8, en feuilles à toutes marges.

Epreuves sur papier de Chine volant avant la lettre.
On y joint. Une planche supplémentaire *Calendrier des Vieillards*, in-8, papier de Hollande avec la lettre.

824. **Brantôme.** Les Dames Galantes. Suite de 9 planches d'Ed. de Beaumont et 1 portrait gravés à l'eau-forte par Boilvin. *Paris, Librairie des bibliophiles*, in-16 tiré gr. in-8, en feuilles à toutes marges.

L'une des **30** épreuves avant toute lettre avec remarques.

825. **Brillat-Savarin.** Physiologie du Goût. Suite de 52 planches dessinées et gravées à l'eau-forte par Ad. Lalauze. *Paris, Librairie des bibliophiles*, in-16 tiré gr. in-8, en feuilles à toutes marges.

Epreuves sur papier de Chine avant toute lettre.

826. **Caquets de l'Accouchée** (Les). Suite de 14 planches dessinées et gravées à l'eau-forte par Ad. Lalauze. *Paris, Librairie des bibliophiles*, gr. in-8, en feuilles à toutes marges.

Epreuves sur papier de Hollande avant la lettre.

827. **Caquets de l'Accouchée** (Les). Suite de 14 planches dessinées et gravées à l'eau-forte par Ad. Lalauze. *Paris, Librairie des bibliophiles*, in-16 tiré in-8 en feuilles à toutes marges.

Epreuves sur papier de Chine avant la lettre.

828. **Catalogue** complet d'Eaux-Fortes originales et inédites. Composées et gravées par les Artistes eux-mêmes, avec dix planches, types divers, par A. Appian, Ch. Beauverie, G. Coindre, M. Lalanne, A. Lalauze, A.-P. Martial, A. Masson, R. Piguet, A Taiée, J. Veyrassat. *Paris, Vve A. Cadart*, 1876, in-8, br., couv.

Exemplaire tiré sur papier de Chine.
On y joint. Le même ouvrage. *Paris, Vve A. Cadart*, 1878, pet. in-8, br., couv.

829. **Cazotte**. Le Diable amoureux. Suite de 7 planches dessinées et gravées à l'eau-forte par A. Lalauze. *Paris, Librairie des bibliophiles*, in-16 tiré in-8, en feuilles à toutes marges.

Épreuves sur papier vergé de Hollande.

830. **Chevigné** (Cte de). Contes Rémois. Suite de 7 planches par J. Worms, gravées à l'eau-forte par Rajon. *Paris, Librairie des bibliophiles*, in-16 tiré in-8, en feuilles à toutes marges.

Épreuves sur papier Whatman.

831. **Daudet** (Alphonse). Lettres de mon Moulin. Suite de 1 portrait gravé par Martinez et de 5 planches dessinées et gravées à l'eau-forte par F. Buhot. *Paris, Lemerre*, pet. in-12 tiré in-4, en feuilles à toutes marges dans un carton.

Épreuves sur papier de Chine volant avant la lettre.

832. **DAUDET** (Alphonse). **Lettres de mon Moulin**. Suite de 5 planches dessinées et gravées à l'eau-forte par F. Buhot. *Paris, Lemerre*, in-4, en feuilles à toutes marges.

Épreuves sur PAPIER DU JAPON avant la lettre, avec MARGES SYMPHONIQUES.

833. **Dumas fils** (Alexandre). La Dame aux Camélias. Suite de 12 figures par A. de Neuville, gravées sur bois par Linton, gr. in-4, en feuilles à toutes marges dans un carton.

Épreuves sur papier de Chine volant, avant la lettre.
On y joint la suite complète de 1 portrait d'après Giraud, 9 figures et 1 cul-de-lampe dessinés par A. Besnard et gravés par R. de Los Rios. *Paris, Rouquette*, in-4, en feuilles à toutes marges.
Épreuves sur papier Whatman, avant la lettre.

834. **Flaubert** (Gustave). Madame Bovary. Suite de 1 portrait gravé à l'eau-forte par Monziès d'après Ed. Liphart, et de 7 eaux-fortes composées et gravées par Boilvin. *Paris, A. Lemerre*, pet. in-12 tiré in-4, en feuilles à toutes marges.

Épreuves sur papier de Chine volant, avec les 7 eaux-fortes en 2 états, *avant* et *avec* la lettre.
On y joint. Un Frontispice de Cuisinier, épreuve sur Chine volant (Edition L. Conquet).

835. **Flaubert** (Gustave). Madame Bovary. Suite de 12 compositions par A. Fourié, gravées à l'eau-forte par E. Abot et

D. Mordant. *Paris*, *Quantin*, in-8, en feuilles à toutes marges.

Epreuves sur papier de fil à la cuve.

836. **Flaubert** (Gustave). Salammbô. Suite de 8 eaux-fortes composées et gravées par Pierre Vidal. *Paris, A. Lemerre*, pet. in-12 tiré in-4, en feuilles à toutes marges dans un carton.

Epreuves sur papier du Japon avant la lettre.
On y joint le portrait de G. Flaubert par Madame Commanville, gravé à l'eau-forte par H. Toussaint, in-8, papier de Hollande, avec la lettre.

837. **Flaubert** (Gustave). Salammbô. Suite de 1 portrait de Flaubert et de 4 figures dessinées et gravées à l'eau-forte par Paul Avril, pour illustrer Salammbô, in-4, en feuilles à toutes marges.

Epreuves sur papier du Japon à quelques exemplaires ; non mis dans le commerce.

838. **Foë** (Dan. de). Robinson Crusoé. Suite de 9 planches dessinées et gravées à l'eau-forte par Mouilleron. *Paris*, *Librairie des bibliophiles*, in-16 tiré in-8, en feuilles à toutes marges.

Epreuves sur papier de Chine.

839. **Galland**. Les Mille et une Nuits. Suite de 13 figures anglaises, dessinées par E. Corbould, K. Meadows et autres. *London*, *Longman*, *s. d.*, gr. in-8 tiré in-fol., en feuilles à toutes marges.

Epreuves sur papier de Chine avant la lettre, appliquées sur papier vélin fort.

840. **Halévy** (Ludovic). La Famille Cardinal. — Les Petites Cardinal. Suite complète de 24 gravures par Edmond Morin et Henry Maigrot, pour illustrer la Famille Cardinal, et les Petites Cardinal, pub. par Calmann Lévy, in-12, en feuilles, à toutes marges.

Tirages à part sur Chine volant avant la lettre.
On y joint : 1° Le portrait de L. Halévy, gravé à l'eau-forte par E. Abot, tiré in-4, épreuve avant la lettre, sur Hollande. — 2° Une gravure la Famille Cardinal, gravée à l'eau-forte par E. Abot, d'après E. Mas, épreuve tirée in-4, en 2 états, avant la lettre sur Japon et avec la lettre sur Hollande.

841. **Halévy** (Ludovic). Madame et Monsieur Cardinal. — Les Petites Cardinal. Suites complètes de 24 gravures par Edmond Morin et Henry Maigrot, pour illustrer M. et Mme Cardinal, et les Petites Cardinal, pub. par Calmann Lévy, in-12 en feuilles, à toutes marges.

Tirages à part sur Chine volant avant la lettre.

842. **Lalauze** (Ad.). Le Petit Monde. Collection de 10 eaux-fortes par Ad. Lalauze, gr. in-4, en feuilles, couv. illust.

Epreuves sur papier de Chine volant, avant la lettre à toutes marges.

843. **Le Sage**. Le Diable boiteux. Suite de 9 planches dessinées et gravées à l'eau-forte par Ad. Lalauze. *Paris, Librairie des bibliophiles*, in-16, tiré in-8, en feuilles à toutes marges.

Epreuves sur papier de Chine.

844. **Le Sage**. Gil Blas. Suite de 12 figures dessinées et gravées à l'eau-forte par R. de Los Rios. *Paris, Rouquette*, gr. in-8, en feuilles à toutes marges.

EPREUVES DE GRAVEUR. Eaux-fortes pures tirées sur papier de Hollande.

845. **Le Sage**. Histoire de Gil Blas. Suite de 13 planches gravées à l'eau-forte par R. de Los Rios. *Paris, Librairie des bibliophiles*, in-16 tiré in-8, en feuilles à toutes marges.

Epreuves sur papier Whatman.
On y joint la planche supplémentaire des *Débuts de Gil Blas*, non comprise dans l'ouvrage. Epreuve sur Hollande avant la lettre.

846. **Loti** (Pierre). Pêcheur d'Islande. Suite de 1 portrait et 8 compositions de P. Jazet, gravés à l'eau-forte par G. Manchon. *Paris, L. Conquet*, in-8, en feuilles à toutes marges.

Epreuves sur papier vélin blanc.

847. **Loti** (Pierre). 4 portraits dont 2 publiés par L. Conquet et 2 par Bernoux et Cumin.

848. **Louis XI**. Cent Nouvelles nouvelles. Suite de 10 planches dessinées et gravée par J. Garnier, reproduites en héliogravure. *Paris, Librairie des bibliophiles*, in-16 tiré in-8, en feuilles à toutes marges.

Epreuves en héliogravure sur papier Whatman avant la lettre.

849. **Louis XI**. Les Cent Nouvelles nouvelles. Suite de 10 planches par J. Garnier, gravées à l'eau-forte par Ad. Lalauze. *Paris, Librairie des bibliophiles*, in-16 tiré in-8, en feuilles à toutes marges.

Epreuves sur papier de Chine avant la lettre.

850. **Maistre** (Xavier de). Voyage autour de ma Chambre. Suite de 6 planches dessinées et gravées à l'eau-forte par Ed. Hédouin. *Paris, Librairie des bibliophiles*, in-16 tiré in-8, en feuilles à toutes marges.

Epreuves sur papier Whatman avant la lettre.

851. **Maupassant** (Guy de). 4 portraits dont 2 par Saint-Just, épreuves sur Japon.

852. **Murger** (Henry). Vie de Bohême. Suite de 10 eaux-fortes. Dessins de Montader, gravés par Ch. Courtry. *Paris, M. Magnier et Cie*, in-4, en feuilles à toutes marges, dans un carton.

Epreuves à l'état d'eaux-fortes pures tirées sur Japon.

853. **Musset** (Illustrations pour les Œuvres de Alfred de). Aquarelles par Eug. Lami. Eaux-fortes par Adolphe Lalauze. *Paris, D. Morgand*, 1883, 1 titre gravé et 60 figures, in-4, en feuilles, dans un emboitage.

Epreuves avant la lettre sur papier de Chine.

On y joint : 1° La suite de 1 portrait et 10 figures. Eaux-fortes pour les Œuvres de Alfred de Musset, gravées d'après les dessins de J.-P. Laurens, Ad. Moreau, Giacomelli et Gervex pour l'édition publiée par la Bibliothèque Charpentier. *Paris, D. Morgand*, 1884, in-4, en feuilles, couv. impr. (Epreuves sur papier de Chine avant la lettre). — 2° La suite de 1 portrait d'Alfred de Musset gravé par Burney et de 15 compositions de F. Flameng et O. Cortazzo, gravées à l'eau-forte par Mordant et Lucas (plus la Composition refusée pour Emmeline, dessinée par Flameng et gravée par Mordant) pour illustrer les « Nouvelles » pub. par L. Conquet. (Epreuves sur papier vergé avant la lettre).

854. **Musset** (Alfred de). Théâtre. Suite de 16 planches dessinées par Delort, gravées à l'eau-forte par Boilvin. *Paris, Librairie des bibliophiles*, in-8, en feuilles à toutes marges.

Epreuves en 2 états : 1° Sur Chine volant avec la lettre. — 2° Sur Hollande avant toute lettre et avec remarque, tirées in-4.

855. **Musset** (Alfred de). Œuvres complètes. Suite de 42 eaux-fortes composées par Henri Pille et gravées par Louis Mon-

ziès. *Paris, A. Lemerre*, pet. in-12 tiré in-4, en feuilles à toutes marges, dans des cartons.

Epreuves sur papier de Chine volant avant la lettre.

On y joint le Frontispice de F. Rops sur Chine volant en 2 états avant la lettre, et avec remarque également avant la lettre.

856. **Musset** (Alfred de). Le Rhin allemand, poème. Musique de Charles Delioux. *Paris, P. Heu, s. d.*, in-4, vignette de Célestin Nanteuil.

857. **Nadaud** (G.). Chansons. Suite de 12 planches dessinées et gravées à l'eau-forte par Edmond Morin. *Paris, Librairie des bibliophiles*, in-16 tiré in-8, en feuilles à toutes marges.

Epreuves sur papier de Chine avant la lettre.

858. **Nodier** (Charles). Contes. Suite de 8 eaux-fortes par Tony Johannot. *Paris, Hetzel*, 1846, gr. in-8 tiré in-fol., en feuilles à toutes marges.

Épreuves sur papier de Chine, avec le nom de l'artiste à la pointe, appliquées sur papier vélin fort.

859. **Perrault** (Ch.). Contes. Suite de 12 planches dessinées et gravées à l'eau-forte par Ad. Lalauze. *Paris, Librairie des bibliophiles*, in-16 tiré gr. in-8, en feuilles à toutes marges.

Epreuves sur papier de Hollande avant toute lettre.

860. **Portraits** et **Autographes** de Jules Claretie — Alphonse Daudet — Ferdinand Fabre — Ludovic Halévy — Emile Zola. *Paris, Librairie des nouveautés artistiques, s. d.*, 7 plaq. pet. in-8, en feuilles, couv.

861. **Portraits.** Barbey d'Aurevilly (2 différents). — Th. de Banville (2 différents). — Glatigny (2 différents). Ensemble 6 pièces, épreuves sur Chine volant, marges in-4°.

862. **Portraits**. Emile Zola (3 différents dont 2 en couleurs sur Japon).—E. et J. de Goncourt. -- Gérard de Nerval. — Paul Louis Courier. — Jules Janin. — Alphonse Daudet (6 différents).— Alex. Dumas fils (épreuve avec remarque et signature du graveur). — Ch. Nodier (2 états).— Cheret. — Ensemble 17 pièces sur Japon, Hollande, etc.

863. **Prévost** (L'Abbé). Manon Lescaut. Suite complète de 1 portrait, 1 titre-frontispice et 10 figures dessinés et gravés à l'eau-forte par Chauvet. *Paris*, *Rouquette*, in-8, en feuilles à toutes marges.

Epreuves avant la lettre en sanguine, sur Chine volant.

864. **Prévost** (L'Abbé). Manon Lescaut. Suite de 1 portrait et 10 figures dessinés et gravés à l'eau-forte par Léop. Flameng. *Paris*, *Glady frères*, in-8, en feuilles à toutes marges.

Epreuves sur papier vergé Van Gelder.

865. **Quinze Joyes de Mariage** (Les). Suite de 21 planches gravées à l'eau-forte par Ad. Lalauze. *Paris*, *Librairie des bibliophiles*, gr. in-8, en feuilles à toutes marges.

Epreuves sur papier de Hollande, avant la lettre.

866. **Quinze Joyes de Mariage** (Les). Suite de 21 planches dessinées et gravées à l'eau-forte par Ad. Lalauze. *Paris*, *Librairie des bibliophiles*, in-16 tiré in-8, en feuilles à toutes marges.

Epreuves sur papier Whatman, avant la lettre.

867. **Rabelais**. Œuvres. Suite de 11 planches dessinées et gravées à l'eau-forte par Boilvin. *Paris*, *Librairie des bibliophiles*, in-16 tiré gr. in-8, en feuilles à toutes marges.

Epreuves sur papier de Chine.

868. **Richepin** (Jean). 7 portraits, plus 1 frontispice pour la Glu, épreuves sur Chine, Hollande, etc.

869. **Rousseau** (J.-J.). Les Confessions. Suite de 13 planches dessinées et gravées à l'eau-forte par Ed. Hédouin. *Paris*, *Librairie des bibliophiles*, gr. in-8, en feuilles à toutes marges.

Epreuves sur papier de Hollande, avant la lettre avec remarque.

870. **Rousseau** (J.-J.). La Nouvelle Héloïse. Suite de 19 planches par Edm. Hédouin et Ad. Lalauze. *Paris*, *Librairie des bibliophiles*, in-8 tiré in-4, en feuilles à toutes marges.

E preuves sur papier de Hollande, avant la lettre avec remarque.

871. **Rousseau** (J.-J.). Nouvelle Héloïse. Suite de 19 planches par Ed. Hédouin et Ad. Lalauze, gravées à l'eau-forte par H. Toussaint et Ad. Lalauze. *Paris, Librairie des bibliophiles*, in-16 tiré gr. in-8, en feuilles à toutes marges.

Epreuves sur papier de Chine volant, avant la lettre.

872. **Saint-Pierre** (B. de). Paul et Virginie. Suite de 6 planches dessinées et gravées à l'eau-forte par Laguillermie. *Paris, Librairie des bibliophiles*, in-16 tiré gr. in-8, en feuilles à toutes marges.

L'une des **40** épreuves avant la lettre sur papier vélin teinté.

873. **Saint-Pierre** (B. de). Paul et Virginie. Suite de 6 planches dessinées et gravées à l'eau-forte par Laguillermie. *Paris, Librairie des bibliophiles*, in-16 tiré in-8, en feuilles à toutes marges.

Epreuves sur papier vergé de Hollande.

874. **Saint-Pierre** (B. de). Paul et Virginie. Suite de 4 planches gravées à l'eau-forte par Foulquier. *Paris, Librairie des bibliophiles*, in-16 tiré in-8, en feuilles à toutes marges.

Epreuves sur papier de Hollande.

875. **Saint-Pierre** (B. de). Paul et Virginie. Suite de 8 eaux-fortes dessinées et gravées par Ad. Lalauze. *Paris, L. Conquet*, 1878, gr. in-8, en feuilles, dans un carton.

Epreuves sur papier de Chine volant, avant toute lettre.

876. **Scarron.** Le Roman Comique. Suite de 10 planches dessinées et gravées à l'eau-forte par F. Flameng. *Paris, Librairie des bibliophiles*, in-16 tiré in-8, en feuilles à toutes marges.

Epreuves sur papier de Chine.

877. **Scarron.** Le Roman Comique. Suite complète de 1 titre gravé avec vignette, 1 portrait et 16 figures, gravés et terminés au burin, par T. de Mare, d'après les dessins de Pater et Dumont le Romain. *Paris, P. Rouquette*, 1883, in-12 tiré in-4 obl., en feuilles à toutes marges, dans un carton.

Epreuves sur papier du Japon, avant la lettre.

878. **Staal-Delaunay** (Mme de). Mémoires. Suite de 41 planches dessinées et gravées à l'eau-forte par Ad. Lalauze. *Paris, Librairie des bibliophiles*, gr. in-8, en feuilles à toutes marges.

Epreuves sur papier de Chine volant, avant la lettre.

879. **Straparole** (Les Facétieuses Nuits de). Suite de 14 dessins de J. Garnier, gravés à l'eau-forte par Champollion. *Paris, Librairie des bibliophiles*, in-8, en feuilles à toutes marges.

Epreuves sur papier de Chine.

880. **Straparole** (Les Facétieuses Nuits de). Suite de 14 dessins de J. Garnier, gravés par Champollion. *Paris, Librairie des bibliophiles*, in-16 tiré in-8, en feuilles à toutes marges.

Epreuves sur papier vergé de Hollande avant la lettre.

881. **Sterne** (Le). Voyage Sentimental. Suite de 6 planches dessinées et gravées à l'eau-forte par Edm. Hédouin. *Paris, Librairie des bibliophiles*, in-16 tiré in-8, en feuilles à toutes marges.

Epreuves sur papier vergé de Hollande.

882. **Swift**. Voyages de Gulhiver. Suite de 9 planches dessinées et gravées à l'eau-forte par Ad. Lalauze. *Paris. Librairie des bibliophiles*, in-16 tiré in-8, en feuilles à toutes marges.

Epreuves sur papier de Chine.

883. **Theuriet** (André). Bigarreau. Suite de 6 figures dessinées par le Marquis de l'Aigle, et gravées à l'eau-forte par H. Toussaint, in-8, en feuilles à toutes marges.

Epreuves sur papier vélin du Marais, avant la lettre.
Suite très rare.

884. **Uzanne** (Octave). Suite de 1 portrait d'Octave Uzanne, par Paul Avril, et 2 figures en couleurs (en 2 états) d'après F. Rops, pouvant servir à illustrer ses œuvres, gr. in-8, en feuilles à toutes marges.

885. **Voltaire**. Romans. Suite de 12 planches dessinées et gravées à l'eau-forte par Laguillermie. *Paris, Librairie des bibliophiles*, in-16 tiré in-8, en feuilles à toutes marges.

Epreuves sur papier vergé de Hollande, avec la lettre.

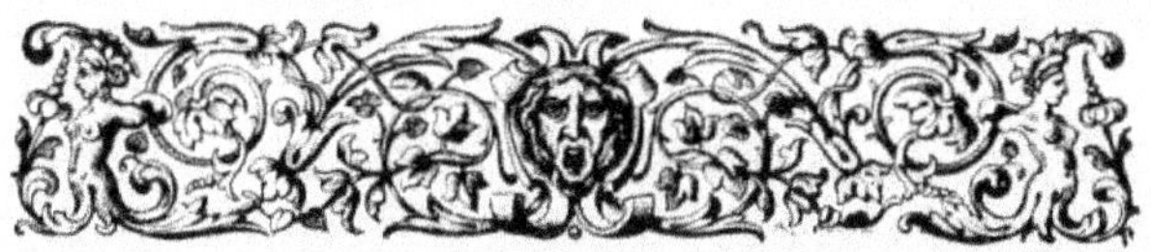

AUTOGRAPHES

d'Auteurs Contemporains

---

886. **About** (Edmond).

Lettre autographe signée, Saverne 22 octobre 1858, 1 page in-8. On y joint un billet autog. signé, s. d.

887. **Banville** (Théodore de).

Lettre autographe signée, *Paris*, *7 octobre*, 1 page in-8.

888. **Barbey d'Aurevilly** (Jules).

2 lettres autographes signées dont l'une écrite à l'encre rouge est adressée à une dame pour la remercier d'une invitation ; la seconde est adressée à Magnard du Figaro. Ensemble, 2 pages in-8.

889. **Champfleury** — Georges **Sand** — Maurice **Sand. Weckerlin.**

Lettres autographes et documents, concernant les chansons populaires des Provinces de France, 10 pièces.

890. **Cherbuliez** (Victor).

2 lettres autographes signées, dont 1 d'Ernest Naville, qui contient une critique aussi sotte que sévère de Paule Méré, ce Monsieur écrit au *Journal de Genève*, pour qu'on lui supprime l'envoi de son Journal tant que durera la publication de Paule Méré.

891. **Coppée** (François).

2 lettres autographes signées, dans l'une il raconte qu'il est né à Paris, le 12 janvier 1842.

892. **Daudet** (Alphonse).

8 lettres autographes signées intéressantes, dans l'une datée 4 février 1865, il demande une avance de deux cents francs.

893. **Dumas** (Alexandre).

Lettre autographe signée à (Benjamin) Pifteau, il lui annonce l'envoi de deux Chapitres de la « *San félice* », et le prie de corriger les épreuves en veillant à faire disparaître les répétitions.

894. **Dumas fils** (Alexandre).

Lettre autographe signée et un envoi autog. sig. sur le faux des « *Idées de Madame Aubray* ».

895. **Flaubert** (Gustave).

Lettre autographe signée, 1 page in-8. 16 lig., 21 mars 1877.

896. **Glatigny** (Albert).

2 lettres autographes signées, il réclame des exemplaires des « *Flèches d'Or* » à son éditeur.

897. **Hugo** (Victor).

2 lettres autographes signées, adressées l'une au Baron Taylor. La seconde à un bibliothécaire pour le prier de faciliter à son fils des recherches urgentes.... 6 Juin 1850.

898. **Lamartine** (Alphonse de).

5 lettres autographes signées, relatives à des demandes de souscription pour ses Œuvres.

899. **Maupassant** (Guy de).

Lettre autographe signée, il remercie d'une proposition qui lui est faite de faire paraître ses Nouvelles dans la « *Vie Populaire* ».
On y joint le Catalogue de sa Vente.

900. **Musset** (Alfred de).

Pièce signée ; Paris, 27 mars 1856, 1 page in-fol.
Reçu de 750 francs, pour un trimestre de sa pension comme auteur dramatique. On y joint une lettre adressée à Alfred de Musset par Alfred Tattet.

901. **Musset** (Alfred de).

Lettre autographe signée à Augustine Brohan. 1 pag. in-8, 15 lig.

902. **Musset** (Paul de).

1 lettre autographe signée, il offre à la Bibliothèque de la Société des Gens de Lettres un exemplaire des Œuvres de son frère et un exemplaire de plusieurs de ses ouvrages.

903. **Richepin** (Jean).

4 lettres autographes signées, dont 2 adressées à M. Paterne Berrichon.

904. **Sardou** (Victorien).

5 lettres autographes signées, dont un envoi autog. signé sur un faux titre de « *Nos bons Villageois* ».

905. **Scribe** (Eugène).

Lettre autographe signée *Paris* 9 Avril 1836, il parle du plan d'un opéra-comique qu'on lui a soumis.

906. **Zola** (Emile).

10 lettres autographes signées, 1864-1882. Dans une des premières, alors qu'il était employé à la Librairie Hachette, il profite d'un envoi de livres de la Maison à un Critique, pour recommander un Roman dont il est l'auteur « *La Confession de Claude* ».

907. **Auteurs Contemporains.**

11 lettres autographes signées, de MM. Edmond de Goncourt. — Ludovic Halévy. — Ant. de Latour. — E. Legouvé. — Lavedan. — J. Lemaitre. — Georges Ohnet. — Emile Ollivier. — Pierson. — O. Uzanne.

908. **Auteurs Contemporains.**

13 lettres autographes signées de MM. Odysse Barot.— Adeline.— Maurice Barrès. — Adolphe Belot. — Sarah Bernhardt. — E. Bertrand. — Champfleury. — Jules Claretie. — Louise Colet — Ernest Daudet. — Gustave Droz. Ferdinand Fabre. — Octave Feuillet.

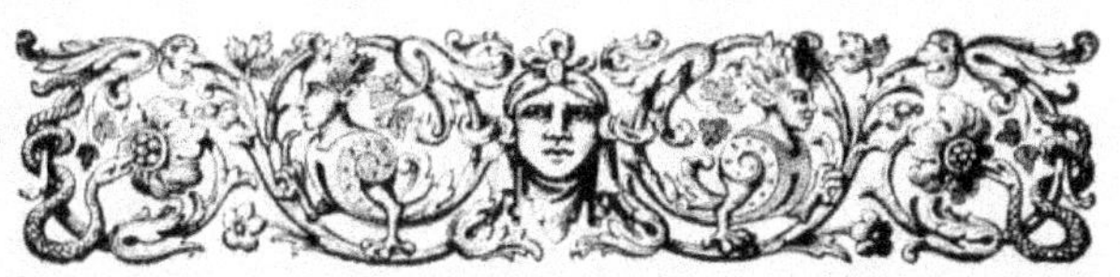

OUVRAGES DIVERS

909. **Calendrier de la Cour** (Le) tiré des Ephémérides, pour l'année bissextile 1764. Avec la naissance des Rois, Reines, Princes et Princesses, etc. Imprimé pour la Famille Royale, et Maison de Sa Majesté. *Paris, impr. de J. Th. Herissant*, 1764, in-18, mar. rouge, dos fleurdelisé, ornem. dorés couvrant entièrement les plats, tr. dor. (*Rel. anc.*).

910. **La Fontaine**. Fables (Edition miniature). *Paris, Fonderie Laurent et Deberny (impr. Plon frères)*, 1850, in-64, br., couv., étui.

911. **Lepautre.** Collection des plus belles Compositions de Lepautre, gravée par Decloux Architecte et Doury, Peintre. *Paris, E. Noblet. — Morel et Cie, s. d.*, in-fol. de 100 planches, cart. dos de toile.

912. **Nogaret** (Félix). Le Fond du Sac, ou Restant des Babioles de M. X ***, membre éveillé de l'Académie des Dormans. *Venise (Paris, Cuzin), chez Pantalon-Phébus*, 1780, 2 tomes en 1 vol. in-18, fig., mar. citron. ornem. de Marguerites couvrant entièrement le dos et les plats, fil. dor., dent. int., tr. dor. (*Allô*).

1 frontispice et 9 très jolies vignettes signées D...

Recueil de petites pièces en vers et en prose. Les figures sont du dessinateur-miniaturiste Durand.

Transposition des pages 27 à 34, 51, 52, 57, 58, 101 à 104, 113 à 116 du tome Ier, placées dans le tome II, et réciproquement.

913. **Prévost** (L'Abbé). Histoire du chevalier des Grieux et de Manon de Lescaut. *Amsterdam, aux dépens de la Cie*, 1753

(*Paris*, 1772), 2 vol. in-12, fig., mar. vert, dos orné, 3 fil. et fleurs de Marguerites aux angles, dent. int., tr. dor. (*David*).

8 très jolies figures par Gravelot et Pasquier, gravées par Lebas.

914. **Regnard.** Le Bourgeois de Falaise, comédie (par Regnard). *Paris, Thomas Guillain*, 1694, in-12, cart.

Edition originale.

915. **Sciences occultes.** 7 vol. in-12, in-16 et 32, cart. et rel.

Le Trésor cabalistique, pour trouver des Nombres heureux à chaque Tirage de la Loterie de l'Ecole royale militaire. *Venise*, 1758. — Le Livre d'Or, révélations des destinées humaines, au moyen de la Chiromancie transcendante, etc., par H. Flamel. *Paris*, 1842. — Le Génie et le Vieillard des Pyramides, histoire intéressante des Sciences occultes, ouvrage publié 20 ans après la mort de l'auteur (en 1672), par Tobénériac, son Héritier. *Imprimé sur la Copie authentique trouvée chez l'auteur* en 1652. — Enchiridion du pape Léon, envoyé comme un rare présent à l'Empereur Charlemagne. Edition corrigée. *Rome*, 1740 (Réimpression). — Les Admirables Secrets d'Albert-le-Grand, etc. *Lyon*, 1791 (Réimpression). — Grimoire au pape Honorius, avec un Recueil des plus rares secrets. *Rome*, 1760 (Réimpression), — L'Urne Magique, ou Oracles inédits de la Sybille de Cumes, tirés de l'ombre et émis sous la responsabilité du vieux Granisof Altifuret. *A Divinopolis. — Paris, A. Royer.*

916. **Surville.** Poésies de Marguerite-Eléonore-Clotilde de Vallon-Chalys, depuis madame de Surville, poète français du XVᵉ siècle. Nouvelle édition, publiée par Ch. Vanderbourg, ornée de gravures dans le genre gothique, d'après les dessins de Colin, élève de M. Girodet. *Paris, Nepveu*, 1824, in-8, demi-rel. veau brun, dos orné, non rog. (*Despierres*).

917. **Triumphe** (Le) de haulte et puissante Dame Vérolle et le Pourpoint fermant à boutons. Nouvelle édition complète, avec une Préface et un Glossaire par M. Anatole de Montaiglon, et le Fac-Simile des Bois du Triumphe, par M. Adam Pilinski. *Paris, L. Willem*, 1874, pet. in-8, pap. vergé, br., couv.

Tiré à 500 exemplaires.

918. **Voltaire.** Œuvres complètes. Edition dédiée aux amateurs de l'Art typographique. *Paris, J. Didot ; Dufour et Cie; Baudouin frères* (*impr. de J. Didot aîné*), 1827-1829, 4 vol. in-8, à 2 col., portr. ajouté de Voltaire, épreuve sur pap. de Chine, pub. par Pourrat frères, demi-rel. dos et coins de bas. verte, dos orné, tr. marb. (*Rel. de l'epoque*).

Edition imprimée en caractères microscopiques.— Qq. mouillures et taches de rousseur.

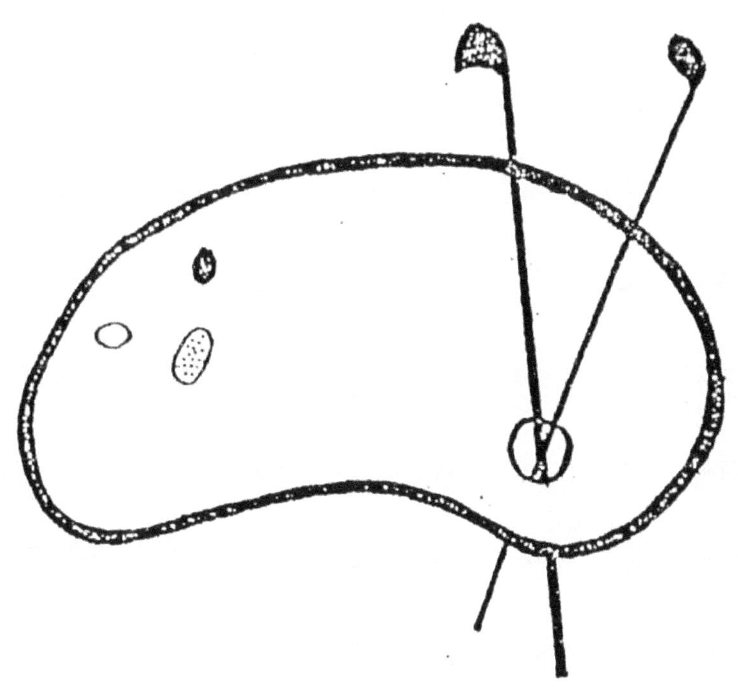

RED. :

20

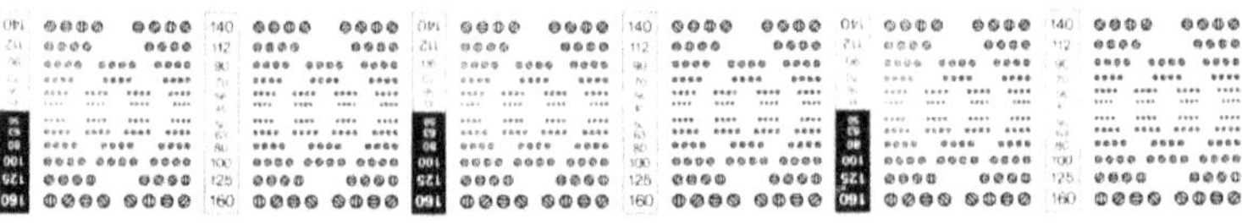

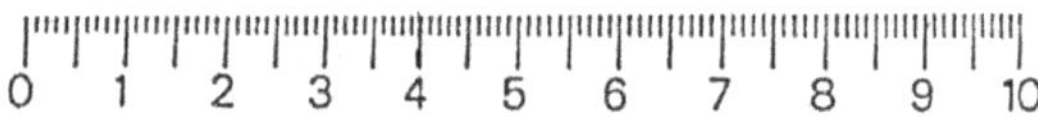

MIRE ISO N° 1
NF Z 43-007
AFNOR
Cedex 7 - 92080 PARIS LA DEFENSE
graphicom

0 1 2 3 4 5 6 7 8 9 10

www.ingramcontent.com/pod-product-compliance
Lightning Source LLC
LaVergne TN
LVHW010609110826
845149LV00003B/827

* 9 7 8 2 3 2 9 2 2 5 9 4 4 *